张老师带你做科学

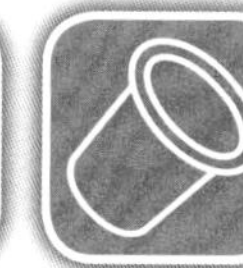

U0175607

动手做科学

玩转纸杯

张军　编著

南京出版传媒集团
南京出版社

图书在版编目（CIP）数据

动手做科学．玩转纸杯 / 张军编著．-- 南京：南京出版社，2022.12
ISBN 978-7-5533-3870-5

Ⅰ．①动… Ⅱ．①张… Ⅲ．①科学技术－制作－少儿读物 Ⅳ．① N33-49

中国版本图书馆 CIP 数据核字 (2022) 第 186670 号

书　　名：动手做科学·玩转纸杯
编　　著：张　军
策　　划：孙前超
出版发行：南京出版传媒集团
南　京　出　版　社
社址：南京市太平门街53号　　邮编：210016
网址：http://www.njcbs.cn　　电子信箱：njcbs1988@163.com
联系电话：025-83283893、83283864（营销）　025-83112257（编务）

出 版 人：项晓宁
出 品 人：卢海鸣
责任编辑：孙前超　张　莉
封面设计：赵海玥
装帧设计：蒋雪南
插　　画：蒋雪南

印　　刷：南京大贺开心印商务印刷有限公司
开　　本：787 毫米 × 1092毫米　1/16
印　　张：6.5
字　　数：94千字
版　　次：2022年12月第1版
印　　次：2022年12月第1次印刷
书　　号：ISBN 978-7-5533-3870-5
定　　价：28.00元

用微信或京东APP扫码购书

用淘宝APP扫码购书

前 言

生活即教育，社会即课堂，教师即课程，经历即成长。

相对于教育，我更喜欢说成长。学生是成长的主体，我们为成长选择与创造环境，设计与优化经历，提供榜样与经验，鼓励怀疑与尝试，唤起觉悟与觉醒。学生将来能成为什么人，并不单单与我们有关，还与先天条件、努力程度、社会发展等多个因素有关。但是我们提供的经历会让他们有独特的感受、感悟，有助于他们建立起世界的图景，并激起他们对生命价值的思考，从而选择自己的人生道路。

本套“动手做科学”丛书与《义务教育阶段科学课程标准》《中小学综合实践活动课程指导纲要》等精神契合，凝聚了作者近三十年的实践和思考。这些“动手做”项目，既是孩子们的成长资源，也可以为教师的课程设计带来灵感；当家长和孩子一起动手实践时，无疑也会成为亲子关系更加亲密的纽带。

什么是创新？就是给事物重新下一个定义，就是换个视角看问题，就是优化问题解决的方案……没有完备的定义来描述。纸杯可以是喝水的容器，也可以是笔筒、模具，还可以是原料、载体。创新就是寻找更多的可能性。乌鸦喝水的方法有很多，记住一件事情的方法有很多，能让物体飞起来的方法有很多，解决能源危机的方法也有很多。

每个人都活在自己或别人的创新创造中。陶行知先生所言极是，处处是创造之地，天天是创造之时，人人是创造之人。

人们常说兴趣是最好的老师，其实兴趣是分层面的。首先是对现象的兴趣，“很好玩”“真有意思”；其次是对原理的兴趣，“为什么呢”“怎么会这样呢”；然后是对应用的兴趣，“对应了生活中的哪些事件呢”“生产和科研中如何应用呢”；最终是对创新的兴趣，“还能怎么用呢”“还可以如何改进呢”。任何一个科技实践活动，都可以按照兴趣层面逐渐提升的程序设计。

经过多年的探索，我将高效率学习的原则总结为四十个字：新奇趣体验、多感官调动、游戏化设计、情境中浸泡、高情绪参与、学思行结合、多学科融合、项目式推进。对于创新思维训练，我觉得“关键词联想”的方式非常有效，可以让思维像原子弹爆炸那样多重“裂变”。高效率学习原则和创新思维的“原子弹爆炸”模式已经推荐给了十万多名中小学师生以及从事青少年科技创新教育的工作者，因其易学好用，得到了广泛的认同和响应。

“动手做科学”丛书中的实践项目，内容涉及在小学和初中阶段需要学习的声学、光学、力学等知识，运用的是饮料瓶、纸杯、牙签、吸管、橡皮筋等身边常见的材料，真正体现了“科学就在身边”“创意无处不在”“人人皆可创新”的理念。动手操作过程中，孩子会积累大量的感性认识，寻找到自己的兴趣点，为科学类课程的学习打下坚实的基础，也为创新创意积累丰富的素材。书中还通过几位小探究者的讨论、分享、头脑风暴，以及通过小考察、小课题、小发明等活动，促进价值体认、责任担当、问题解决的目标达成。思维导图的运用为培养高阶思维能力提供了便利，有助于孩子们在模仿、试错、合作、交流、反思、改进中产生新的灵感。

孩子们只有用手感知世界、触摸世界、改变世界，他们才会爱上这个世界，从而富有激情地活着。在“动手做”的过程中，孩子们将拓宽视野，发展思维，对知识产生更深的理解，为创意人生奠定坚实的基础。

目　录

安全提示

安全是第一要素。在操作中，每个人使用的工具可能不同。使用工具时要避免伤到自己或他人，年幼的小朋友可以和监护人一道完成操作。

1. 美工刀

切割用。美工刀的刀刃非常锋利，有条件的同学可以戴上防割手套。不要直接垫在桌面上刻画，以免损坏桌面。可以垫一块钢化玻璃。

2. 剪刀

剪切用。可以先用记号笔画线，然后按线剪。

3. 锥子

扎小孔用。避免扎到身体。

4. 铅笔

铅笔尖很锋利，不用时放到笔筒里。任何时候不要将笔含在嘴里。

5. 胶水

粘贴用。胶水如果沾到皮肤上或溅到眼睛里，要及时清洗，必要时立即就医。

6. 热熔胶枪

固定用。熔化的热熔胶温度很高，不要试图用手去摸。

不用时，要及时关上电源。

使用中注意不要让热熔胶、热熔胶枪等触碰到电线，防止损坏绝缘层，发生漏电、短路等。

7. 隔热手套

触摸高温物体，可以使用隔热手套或微波炉专用手套。

8. 防割手套

使用刀具时，或者触摸的物体有尖锐、锋利的突起时，可以戴上防割手套。

9. 其他

（1）不要用嘴尝任何化学药品；

（2）不要把锥子、剪刀、美工刀、铅笔等当作玩具玩耍，避免伤害自己或他人，工具分类摆放到不同容器中；

（3）如果使用酒精灯，要严格按照酒精灯使用规范操作；

（4）记号笔、白板笔等不用时戴上笔套。

人物介绍

◀ **创意王**

思维活跃，触类旁通，动手能力强，看问题视角灵活，经常从实践的角度提出问题。

▲ **小博士**

喜爱阅读，知识面宽广，分析问题思路清晰，语言表达用词准确，善于找出科学话题。

▶ **聪明豆**

乐观风趣，豁达通透，自信乐观，语言犀利，思维跳跃，勇于发表自己的观点。

◀ **开心果**

阳光积极，表现活跃，热爱学习，参与活动的积极性高，享受与大家在一起的交流时光。

▲ **张老师**

知识渊博，阳光自信，风趣幽默，青少年科技创新教育专家。擅长科普作品创作、科技特长生培养、心灵成长辅导。

▶ **柠檬**

文静沉稳，爱打扮，喜欢“臭美”，善于听取别人意见，谨慎发表自己见解。

活动一　纸杯风车

生活中很多常见的物品，当我们从不同的角度看待它，抓住它的不同特征，就可以选定“关键词”，展开丰富的想象，进而做出不同用途的作品。比如说纸杯，大家看看能做什么？

纸杯能“漂浮”在水面上，可以看成“船”；依据“曹冲称象”的原理，可以把纸杯变成“测重计”。
可以让纸杯“并联”，来增大测重计的测量范围。

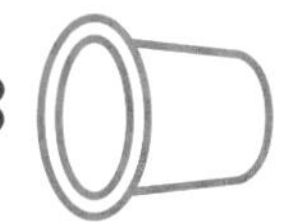

纸杯可以做成各种模型、卡通形象。

纸杯还可以做成风车。

我做过纸杯风车。

给我们介绍介绍，鼓掌，欢迎！

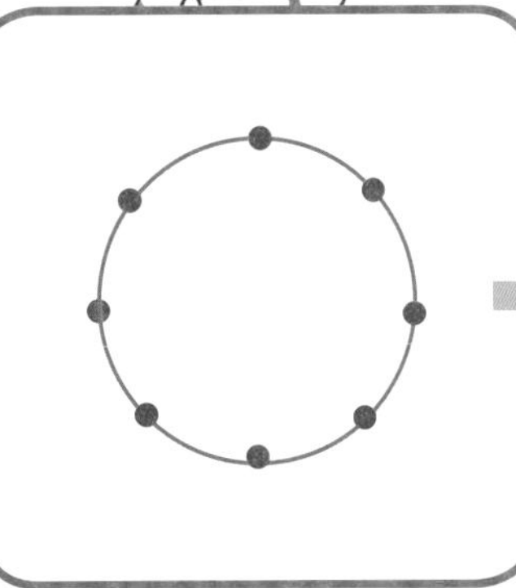

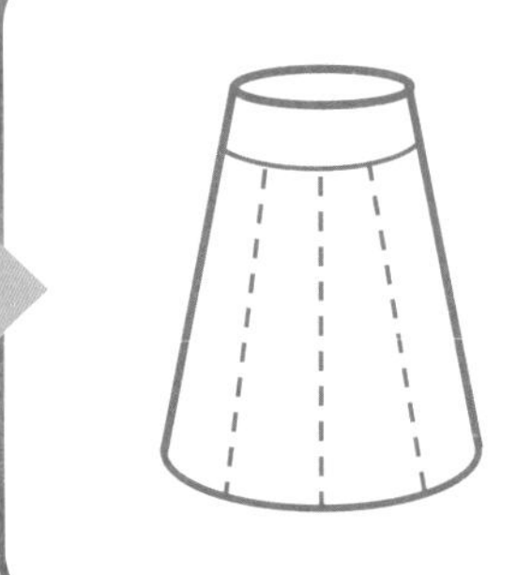

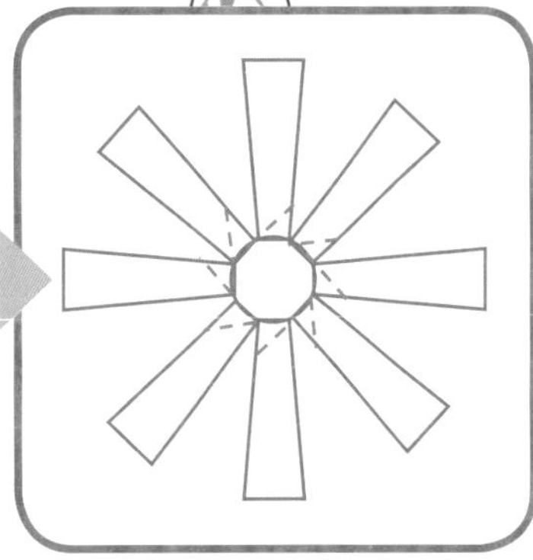

1 用细线在杯口绕一圈，然后展开，测量一下杯口的周长，然后分成八等份，在纸杯口标上记号。

2 在距离纸杯底约1厘米的地方，绕纸杯外壁画一个圆圈。从八个等分点做这个圆圈的垂线段（用虚线标出）。

3 用剪刀沿虚线剪开，得到风车的八个“翅膀”，将它们在桌面上压平，然后从根部以相同角度向同一方向折叠出折痕。

4 用大头针从纸杯底部圆心穿过，钉到小木条上，一个小风车就完工了。放到风口，看能否转动。

张老师说

如果转动不畅，可以尝试调整一下。1. 大头针与周围的空隙要适中，摩擦力不能大；当然空隙也不能太大，否则转动不平稳；2. 微调翅膀折叠的角度；3. 调整对着风的角度。可以用嘴吹气，看风从哪个角度吹，风车可以转动得更快。

我们也可以换一种方法来制作风车。

❶ 将两根竹签穿过一小截吸管固定，取四只纸杯，分别穿在两根竹签两端。

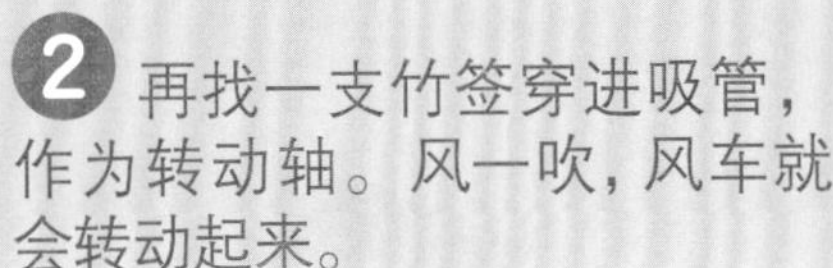

❷ 再找一支竹签穿进吸管，作为转动轴。风一吹，风车就会转动起来。

我们再来讨论讨论，看看还有哪些办法可以把纸杯做成风车。

张老师说

风车用风作为动力来驱动旋转，把风能变成机械能。风能是一种清洁能源。历史上人们利用风车来提水灌溉、碾磨谷物、航运发电等。风车的翅膀有的是木质的，有的是布质的，我们今天自制的风车是纸质的。大家可以思考一下，我们制作的风车有哪些实际用途呢？

活动二 “哇哇叫”的制作

创意无处不在。大家用纸杯做出了什么“神器”啊?

纸杯里有声音！把纸杯的杯口靠近耳朵边，就能听到里面有声音。

这个我们知道啊，塑料瓶、玻璃瓶、海螺……里面都能听到声音啊。

纸杯和里面的空气与空气中传播的声波发生了共振。

纸杯大小不一样，听到的声音也不一样。

是的，这个我们都知道，所以这不是我要制作的“神器”。我的制作是用纸杯和棉线……

啊，知道了，一定是自制土电话……

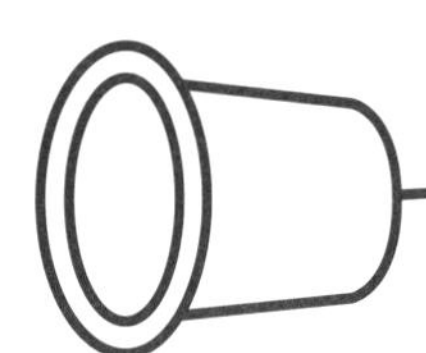

你们都猜错了，我做的是“哇哇叫”，能发出声音的玩具。

啊？

❶ 用牙签或锥子在纸杯底部扎个小洞。

❷ 将棉线从底部小洞穿入纸杯内部。

❸ 将穿入纸杯内部的线头在牙签上拴牢，修剪牙签让其长度小于纸杯底部直径。

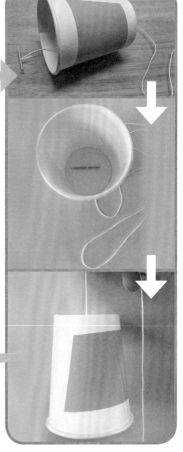

❹ 一手握住纸杯，另一只手用手指蘸水或用卫生纸蘸水在棉线上摩擦，就会听到声音。

找纸杯、找棉线。

找牙签。

操练起来。

我不用牙签，
我用回形针。

有什么新发现？有什么困惑？

摩擦线时，感觉到纸杯在振动；
摩擦停止，纸杯就不再振动。

感觉摩擦时，音调的高低是变化的。

手不蘸水，或者纸巾不蘸水时，
感觉摩擦发出的声音小了。

张老师说

我们都知道，声音是由物体振动产生的。你们听到的声音是由线振动发出的，与弦乐器发声的原理相同。

如果我们把纸杯悬吊在一边，单独摩擦线，也能听到声音，但是响度（即音量）会明显减小。纸杯起到了音箱的作用，可以将音量放大，而且可以丰富声音的音色。

弦的材料相同时，弦乐器的弦越短、绷得越紧、越细，发出声音的音调越高。我们演奏二胡时，压弦的手指上下移动，就是通过改变弦振动部分的长度来改变音调的。

手或者纸巾上蘸水，可以增大摩擦，让线更容易振动。如果蘸松香，可以起到相同的效果。二胡的音筒上有松香，演奏二胡时，马尾不断地在松香上摩擦，这样会让弦更容易振动。

我知道了。当手指从纸杯向线末端移动时，振动的线越来越长，所以音调越来越低。

如果我们使用的线材料不同、粗细不同，也会导致音调有差别。

弦乐器都是有音箱的，比如二胡的音筒、吉他的中空体，钢琴的音箱特别大。

我们人是自带“音箱”的，比如口腔、鼻腔、胸腔、腹腔，它们都是“音箱”，都可以把音量放大，是吗，老师？

你们理解得都非常好。人体的“音箱”除了柠檬说的之外，还有颅腔。仅靠声带振动发出的声音音量是很小的，声音经过这些“音箱”的作用后，音量就会大很多。

我还有个疑问。弦乐器的演奏方式有很多，比如弓毛摩擦，像二胡、小提琴，与我们摩擦线发出声音的方式相同。但是还有弹拨的方式，比如琵琶、吉他；还有敲击的方式，比如扬琴。我们自己制作的“哇哇叫”也可以吗？

当然可以。不过实践出真知，你们握住杯子，将线绷紧，用弹拨或敲击的方式试试，听听声音有何不同。

好嘞！

操练起来。

找个小木棒，做敲击琴弦的琴签。

小小制作学问大啊。

纸杯既然能放大声音，当作音箱用，那还能用在哪儿呢？

纸杯还能做什么呢？

活动三 纸杯“窃听器”

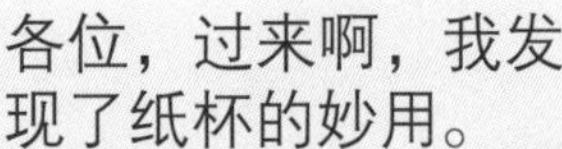
各位，过来啊，我发现了纸杯的妙用。

博士出马，必有精品。
说说。
两个字，期待。
四个字，洗耳恭听。

做个游戏，大家配合啊。你们谁的耳朵最好使？

我听力好，号称“顺风千里，逆风百米”。

那好，他们几个在屋里聊天，把门关上，你在门外听。如果你能听到，我们就把音量降低一点，直到刚好听不到为止。

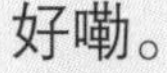
好嘞。

门内
聪明豆真的很聪明！
能听见！你们真的很诚实！
门外

门外
现在能听到他们说话吗？
刚好听不到了，声音大点能听到，小点就听不到了。
门内
……

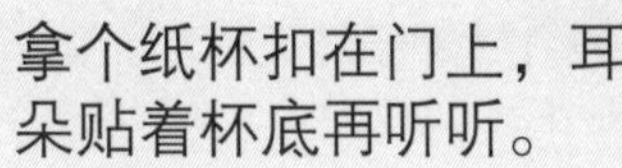
拿个纸杯扣在门上，耳朵贴着杯底再听听。

OK！

门内
“独在异乡为异客。”
“每逢佳节倍思亲。”
门外

感觉如何?
听到了，效果很好!
纸杯将声音放大了?

对啊，纸杯可以当
音箱使用的啊。
纸杯窃听器!
快，让我们都来试试。
“特工”专配。

活动四 纸杯听诊器

最近有何新创意?

我做了个纸杯听诊器。

应用了纸杯能将声音放大的原理。

制作复杂吗?

不复杂,让我来做个示范。

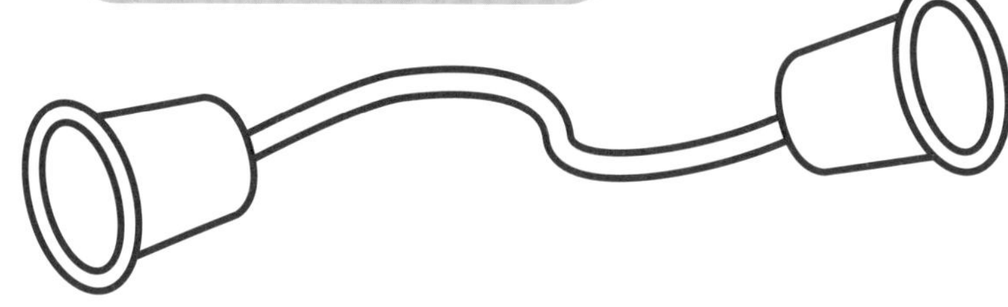

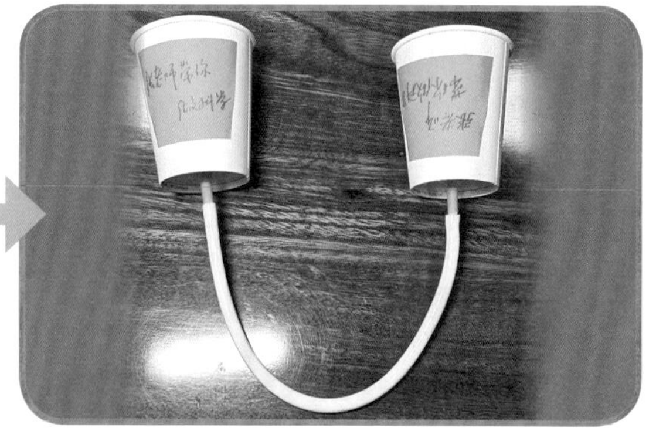

❶ 找两个相同的纸杯,分别在底部插入一小截吸管,用热熔胶固定。

❷ 用软管套在杯底的吸管口,将两个纸杯连接起来,听诊器就做好了。一个纸杯作为听诊器的“探头”,另一个纸杯做“听筒”。

将“探头”放在胸口，用“听筒”一
端听就可以听到我们的心跳啦！

效果如何？

用起来效果不错，
你们可以试试。

我能听到开心
果的心跳了。

我也能听到
自己心跳。
嗨，这不就是“窃
听器”吗，窃听心
脏跳动。

我们也可以仿照真正的听诊器，用两个管道分别通到两个耳朵，效果不知是不是更好？

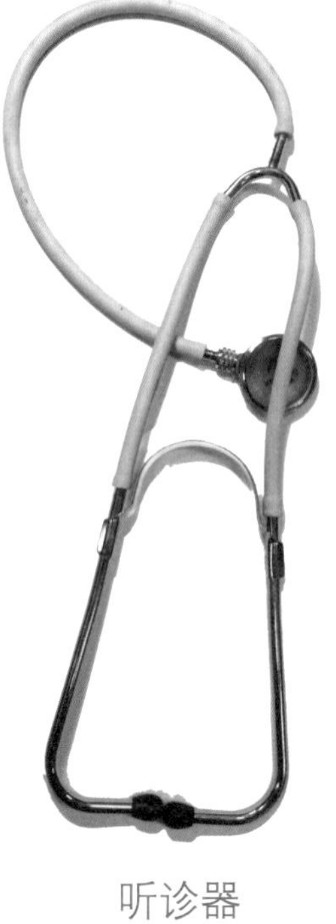

听诊器

大家可以试着做一做。

张老师说

声音是一种能量，叫声能。当声音沿管道传播时，声能散失得少，听到的声音就大了。实际上，最早的听诊器就是一根小竹管。我们也可以试试，用纸卷个圆筒，听听同伴的心跳，也能听到。“纸杯听诊器”中用纸杯作为探头，收集心跳的声音，效果应该不错；但是把纸杯作为耳件用来听心跳的声音，效果却可能不好。大家不妨比较一下，选用较小的纸杯作为自制听诊器的耳件，是不是效果更好些。或者直接将管道的一端放在耳朵边，不要用纸杯，听起来效果是不是也会好一些。

纸筒在生活中到处都是，有的卷纸内芯就是个纸筒。我们来比较一下自制的听诊器、纸筒和真正的听诊器的听音效果，思考一下如何改进制作。

自制的听诊“探头”如果能防水就好了，我们还能听听水下的声音。

这个“听筒”有个专门名称，叫耳件。 现在技术先进，可以在耳件部位加装电路，将声音进一步放大。

那就是电子听诊器了。我们需要查阅资料，了解更多的听诊器知识。发明创新需要知识作为储备啊。

我们自己制作的听诊器也有优势，不用电，不耗水，节能环保，经济适用……

那是，无污染、无辐射，呵呵。

活动五 纸杯音箱

大家过来看看，我做了个纸杯音箱。

纸杯音箱?

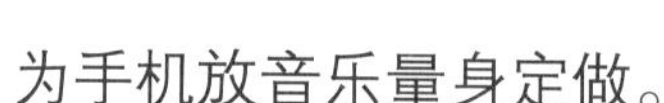
为手机放音乐量身定做。

赶紧拿来看看。

1 准备两个纸杯、一个纸筒。在两个纸杯上的相同部位各开一个圆洞，让纸筒可以刚好插入。

2 在纸筒中间开槽，让手机可以刚好插入。然后将两边的纸杯分别套到纸筒两端，音箱就做好了。

哇，音乐声果然被放大了耶。

灵感是大家激发的，感谢感谢！

效果果然很好。

完美！

声音沿管道传播，能量散失得少。纸杯的喇叭口尽量让声音沿某个方向传播，在这个方向听到的声音应该更大一些。

如果将纸筒换成PVC管，效果可能更好一些。

何以见得?

二胡、吉他、小提琴的音箱都是用质地坚硬的材料制作的，而且音箱内壁比较光滑，这样声音可以更好地在内部多次反射，形成共振。

这样不但可以增大音量，还可以改善音色。

也就是说，如果把纸杯用质地坚硬的容器替换，效果会更好?

感谢赐教！另外在制作的时候，各个连接的地方要紧密些，否则声音会“跑掉”。

我们回去后，各人做一个试试，大家采用不同材料，看看效果有何不同。

好耶！我觉得还可以给音箱增加一些装饰，安装个底座什么的，更加时尚、有品位。

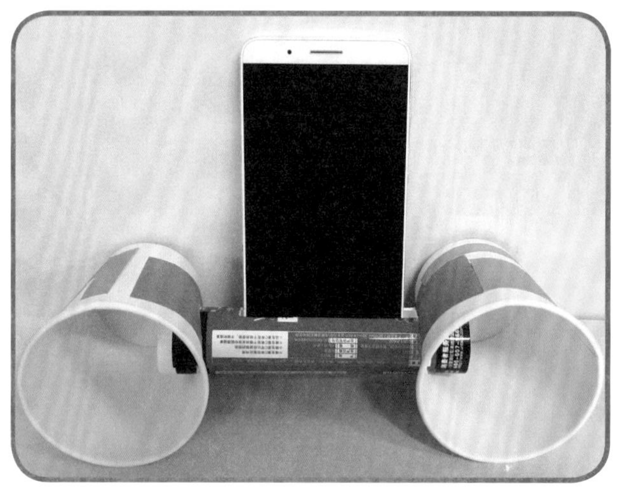

起个高大上的名字。

有道理。我的音箱就叫“清音”。

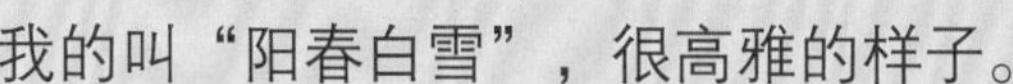

我的叫“阳春白雪”，很高雅的样子。

我的就叫“啸月”。

我的叫“飞涧流泉”，一听就有画面感。

好，那我也起个名字，简单一点，就叫“大音”。

活动六 振动演示器

前面我们一直把纸杯与声音联系在一起，展开联想。声音是由物体振动产生的，我们可以用纸杯听到这种振动，也可以用纸杯看到振动！

哦?

看到振动?

看到声音?

如何看到呢?

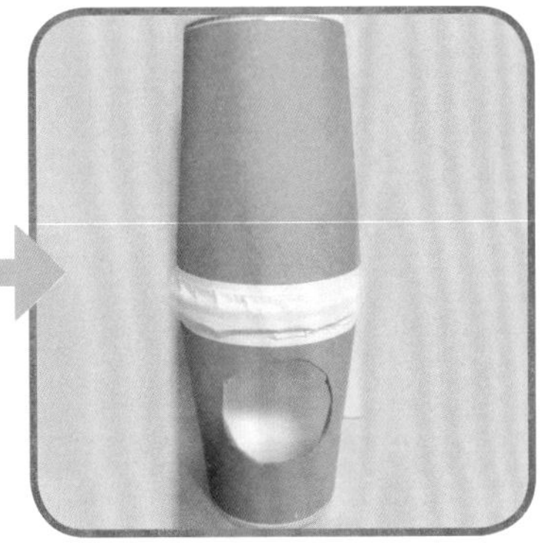

1 所用材料：纸杯、塑料杯、彩色泡沫小球、双面胶带、比胶带宽度略宽一些的纸条、剪刀、纸筒。

2 将两个纸杯口相对，用双面胶粘到一起，外面绕上纸条，防止胶带粘手。

3 在下面纸杯侧壁开个圆洞，圆洞的直径与纸筒外径相同，便于纸筒插入纸杯的圆洞中。

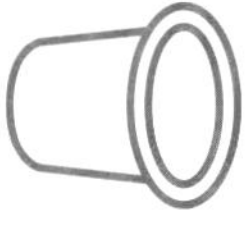

4 将一个纸筒插入下面纸杯侧壁的圆洞中。

5 在上面纸杯的杯底放入一些彩色泡沫小球，然后用透明塑料杯罩上。

6 当我们对着纸筒发出声音时，泡沫小球会跳起来。

将不容易观察的纸杯振动转化为容易观察到的小球跳动。

声音越大，纸杯振动的幅度越大，小球就跳得越高。
说明声音具有能量。

大家动手做做，改变声音的音调、音量等，看看泡沫小球的跳动情况有何不同。

果然发现新的现象了。不管音调怎样，小球都会跳动，但是在某些特定的音调上，小球跳得特别高。

我也发现了这个现象。小球跳得特别高的音调不止一个。

果然，我也发现了。

莫非，这就是传说中的“共振”？

张老师说

非常好。大家都想到了共振。

共振现象普遍存在。每种乐器演奏的时候，音箱都在发生共振；我们能听到纸杯里、饮料瓶里、罐子里、海螺里有声音，这也是共振。自然界所有物体都在振动，有着自己与生俱来的振动频率，我们称之为固有频率。当外界传来的振动频率与物体固有频率一致时，物体振动的幅度会增大——这就是共振。物体的固有频率不止一个，而是一组。

我说呢，几种音调的声音都能让小球跳得特别高。

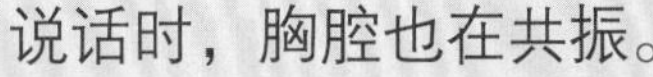
说话时，胸腔也在共振。

难怪呢，有时我们拿着个纸盒，对着纸盒说话，有时手能明显感到盒子在振动。

有时坐地铁，也会感觉到手里的纸盒振动。

据相关媒体报道，塔科马大桥就是因为和风共振断裂的。

如果士兵们迈着整齐的步伐过桥，就会与桥发生共振，十分危险。

对对，我看过类似的故事。

嗯，共振有时对我们是有利的，有时又是有害的。凡事有利有弊啊！

张老师说

人体不同部位有不同的固有频率，但是一般在几赫兹、十几赫兹。外界如果有持续的、强烈的这类声波出现，人体也会发生共振，导致器官扭曲、移位甚至破裂，危及生命安全。实际上，这就是次声波武器的工作原理。

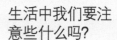

生活中我们要注意些什么吗？

不要在楼上跺脚。如果几名同学一起在楼上有节奏地跺脚，很可能造成严重后果。

谨记在心！

没有知识真可怕！

啊，我们记下了！

活动七 纸杯空气炮

声音是有能量的。

不能在别人耳朵边大声喊叫，可能会把耳膜震破的。

据说少林寺有门武功叫“狮子吼”，喊叫声让对手肝胆俱裂。

我用纸杯做了门炮！

有炮弹吗?

声音就是“炮弹”！

有点意思。

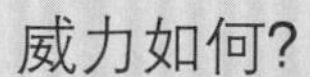
威力如何？

① 找个结实的纸杯，在底部开个圆洞。可以用剪刀剪，也可以用美工刀或笔刀刻画。

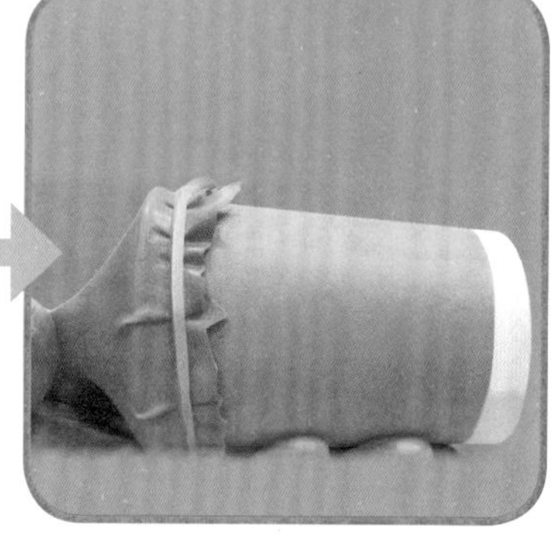

我们找个目标，试试武器威力！

② 剪一块气球皮，蒙在纸杯杯口，用双面胶固定住，在外面勒上橡皮筋或系上棉线加固。

③ 将气球皮向外拉出，然后放手，伴随“砰”的一声，里面气体从杯底喷出，直奔目标。

哇，泡沫球飞起来了。

哇，烛焰晃动……
快熄灭了！

空气喷出

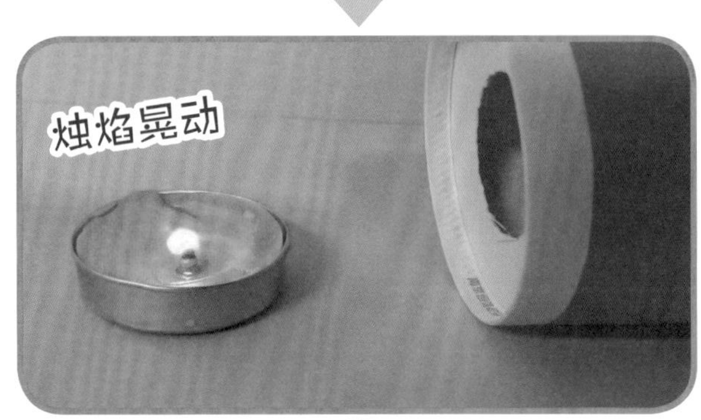
烛焰晃动

烛焰熄灭

哇，烛焰熄灭。

好，再来一次！

气球皮被拉开后，储存了能量；松手后，恢复原状的气球皮迅速压缩纸杯内的空气，导致纸杯内气压瞬间增大。高压气体有部分冲了出去，击打前方的目标，这样原有的能量就发生了转移。如果纸杯里有烟，还能看到纸杯“吐”烟圈。

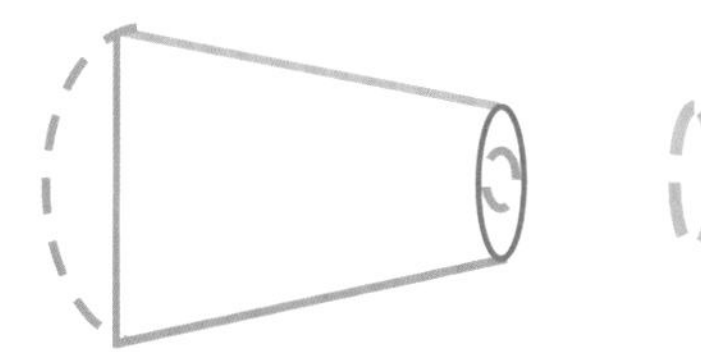

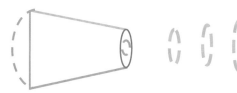

那就更好玩了。

也就是说，是压缩的气体提供了动力。

对了，有的喷雾器在使用时也是先往容器内压缩空气，这也是增加里面气压的，好让液体喷出来。

气枪就是用压缩的气体提供动力的，气枪的铅弹会对鸟类、人类等造成伤害，所以气枪不能非法买卖、使用、私藏等。同样我们的空气炮也不能对着人做实验，防止造成伤害。

我想到了声波灭火。

张老师说

声波属于纵波，在空气中传播时会让空气发生疏密相间的变化。声波会把火焰旁边的空气“推开”，这样氧气也被“推开”了，并扩散到更大的表面积上，导致火焰因缺氧而熄灭。当然，声波灭火器还有其他的工作原理在共同起作用，感兴趣的同学可以查阅资料，做进一步了解。

活动八 纸杯陀螺

如果从形状的角度来思考纸杯，大家能想到什么？

从顶部向下看，是个圆形；从底部向上看，也是个圆形。

从正面看或者侧面看，都是等腰梯形。

张老师说

工程界为了便于描述空间几何体的形状，往往从正面、顶面、左侧三个角度来观察，并且把观察到的图形画下来，分别称为主视图、俯视图、左视图，统称三视图。为了更深入地了解内部结构，便于理解或加工制造，有时还会画出剖面图、半剖面图等。

从动态的角度看，纸杯也可以看作旋转体。

将一个直角梯形绕直角边旋转一周就得到纸杯的形状了；如果纸杯是实心的，就是个圆台。

将半圆绕直径旋转得到球。

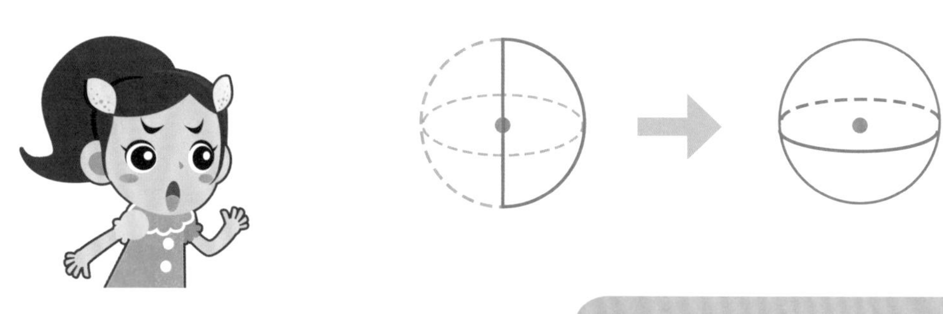

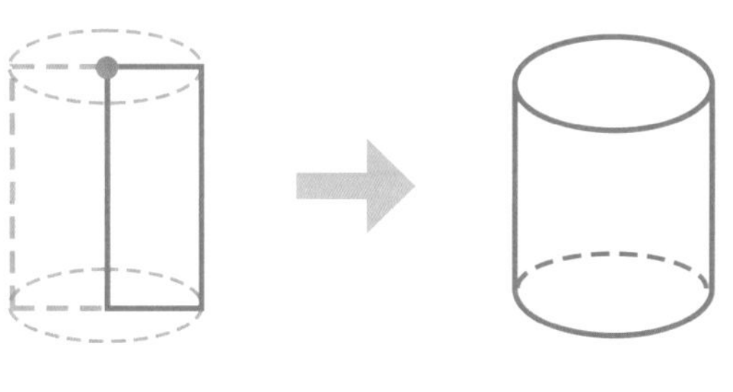

将长方形绕边旋转形成圆柱。

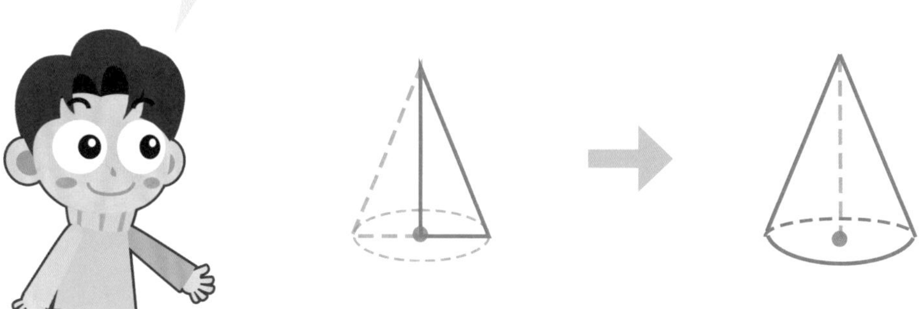
将直角三角形绕直角边旋转，形成圆锥。

说到旋转，纸
杯是可以旋转
起来的啊。

就像陀螺
那样?
要有一个旋转
轴，在纸杯底部
插根牙签就行。

不行，手要插
到杯子里面，
牙签不好拧。

那就改用长一
些的竹签。

也不行，重心太高，容易
倒，说不定转都转不起来。

将纸杯上半部分剪掉，
让它变得矮一点。

把牙签换成火柴杆，火柴头
是圆的，摩擦力会小一些。

❶ 准备一个纸杯和一把剪刀。在纸杯中间画一条剪切线。

❷ 沿所画的线用剪刀将纸杯剪开。

❸ 将纸杯壁从杯口向下剪开成均匀的数片，但不要把杯底剪坏；将纸片外翻、弯折，基本保持在一个平面上。

❹ 在每一片翻折面上画上花瓣的形状。

❺ 用剪刀沿所画形状剪成“花瓣”。

❻ 将牙签穿过“陀螺”中心，用热熔胶固定。可以做简单装饰。

也可以不剪纸杯的上半部分，直接按照步骤③④⑤⑥，将纸杯侧壁剪成伸向周围的“花瓣”。估计这样转起来更平稳，而且转动时间可能更长。大家可以试试看。

当纸杯侧壁被剪开，向外弯折成“花瓣”，纸杯的质量分布向外延伸，转动惯量就会增大，简单一点说，就是一旦转动起来，会难以停下，可以延长转动时间。

现成的圆头竹签、纸杯，我们大家一起动手，做个纸杯陀螺玩玩，看能发现什么新问题。
一起来试试。
好。
好。
好。

大家又何新发现、新想法?

我想让纸杯飞起来。把“花瓣”折成螺旋桨形状，转动时向下压空气，空气反过来向上推“螺旋桨”，纸杯或许能飞起来……

类似于直升机或吊扇，或者竹蜻蜓……

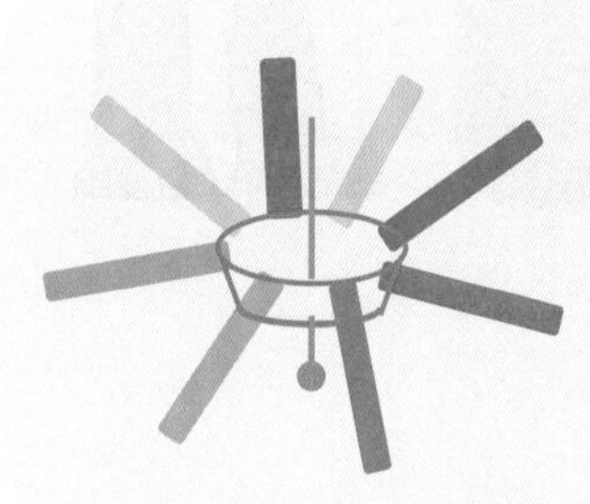
我也有了新方案。用颜料把“花瓣”或“螺旋桨”依次涂成红、绿、蓝三种颜色。当陀螺转动起来，人的视觉系统会将这三种色光混合，人眼看到的颜色就会改变。

点赞！

好主意！这就涉及了光学知识，我要回去补补功课，其实还涉及了心理学……

我回家再想想。争取下次带一个会飞的纸杯来。

活动九 纸杯直升机

各位好，我尝试让纸杯飞行已经成功了，使用了螺旋桨。

那和直升机原理应该差不多，就叫“纸杯直升机”吧。

柠檬，你是不是已经做好成品了，来，给我们大家长长眼。

好，我来给大家介绍一下制作过程。

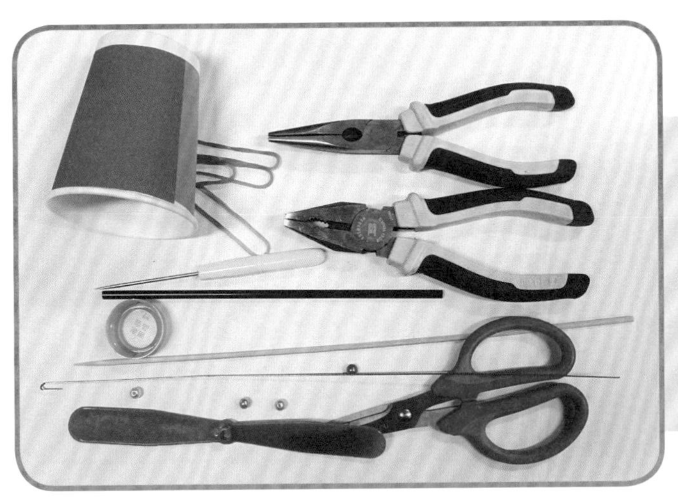

1 所需材料：纸杯、小螺旋桨和吸管（或塑料竹蜻蜓）、细钢丝、竹签、带小孔的塑料珠、橡皮筋、塑料瓶盖、锥子、剪刀、钢丝钳、尖嘴钳等。

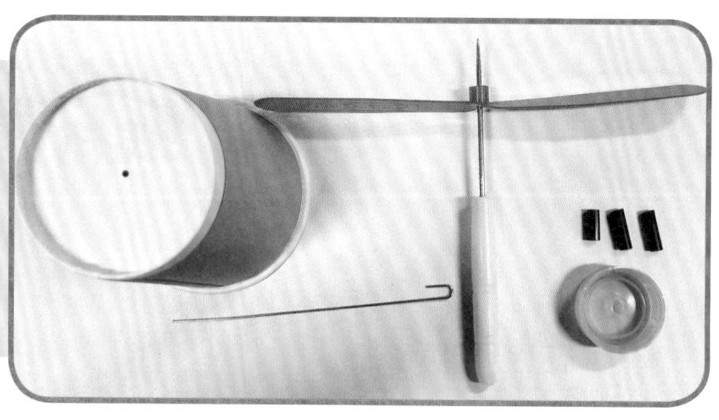

❷ 在螺旋桨叶片中间扎洞，纸杯底部扎洞，塑料瓶盖中间扎洞，剪3小段吸管，剪一截钢丝并在一端做个弯头挂钩。

❸ 用钢丝直的一端依次穿过吸管、纸杯、吸管、瓶盖、小塑料珠、吸管、螺旋桨叶片，把钢丝露出螺旋桨的部分拧弯，扣住螺旋桨。

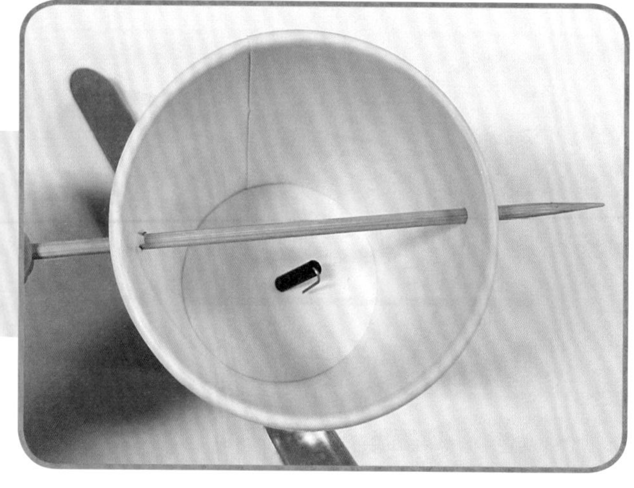

❹ 离杯口一定距离处，在纸杯壁上戳出小孔，让竹签可以穿过。

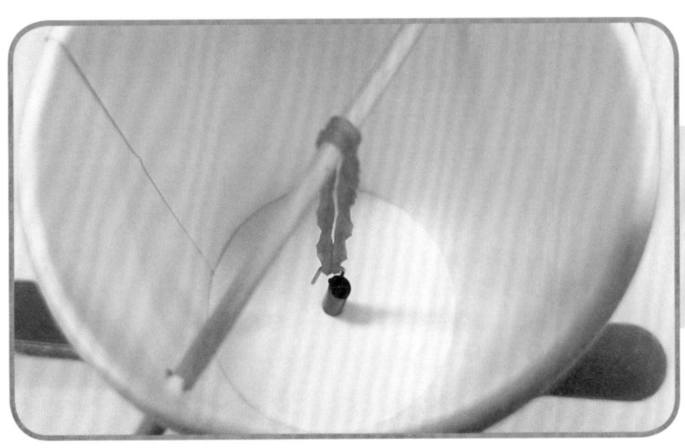

5 在纸杯内部钢丝挂钩上固定橡皮筋的一端，将橡皮筋另一端固定在竹签上。

6 纸杯底部朝上，也就是螺旋桨在飞行器上方。旋动螺旋桨若干圈，纸杯内的橡皮筋就会跟着绕圈，储存弹性势能。将纸杯抛向上方，如果纸杯能在空中上升，旋动螺旋桨的方向就是正确的；如果纸杯迅速掉落，就要改变旋动螺旋桨的方向。

我来试试。观察一下螺旋桨叶片的倾斜方向，我就知道一开始该怎么旋动它了。

给你点赞。

往上抛一个试试。

纸杯果然飞
起来了……
再试一次。
纸杯好像也在转
动，和螺旋桨转
动方向相反。

纸杯确实会反
转。我在想这
是为什么。

张老师说

这个问题比较复杂，涉及角动量守恒的知识。简单一点说，橡皮筋恢复原状时，螺旋桨和纸杯会向着相反的方向转动。直升机研发之初，也遇到了机身和螺旋桨向相反方向转动的问题。如果解决不了这个问题，“晕头转向”的直升机可能坠毁。但是目前的直升机已经解决了这个问题。

讲给我们听听，我们也能尝
试改进一下“纸杯直升机”。

张老师说

直升机头上有一个大螺旋桨，尾梁上还有一个垂直方向的小螺旋桨，小螺旋桨向着主旋翼相反的方向吹动气流，来抵消大螺旋桨受到的反作用力。这种尾桨布局的方法是目前绝大多数直升机采用的方法。尾梁很长，是利用杠杆原理来为小螺旋桨“省力”的。也有的是在同一个发动机上装两个螺旋桨的，一个正转一个反转，这叫共轴反桨，技术有些复杂。还有的采用“喷气”式，在尾梁末端开一个排气窗，通过喷气起到和尾桨布局相同的效果。

我们回去都尝试一下，在纸杯上做做“手脚”，看能不能抵消或减缓“直升机”的反转。

我觉得“共轴反桨”和“尾桨布局”的方法都可以尝试尝试。

好耶，回去试试，看谁做得好。

活动十 纸杯降落伞

今天给大家带来一个纸杯降落伞。

我们班在科学课上做过。

介绍介绍你们制作的方法。

1 准备制作材料：剪刀、棉线、胶带、锥子、纸巾。

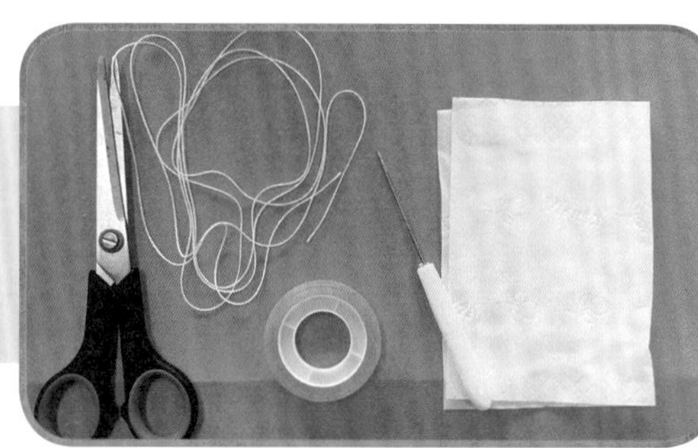

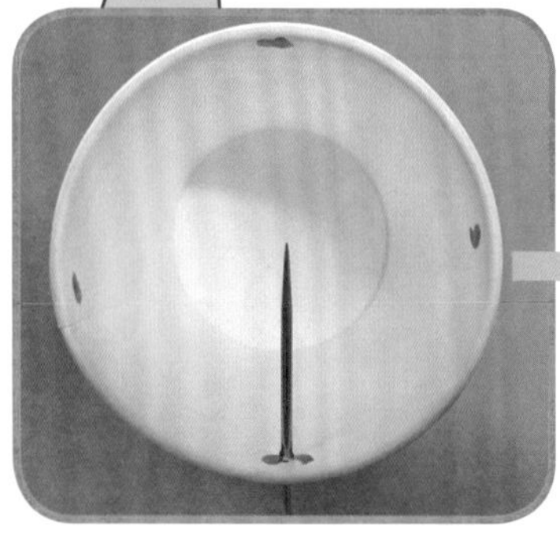

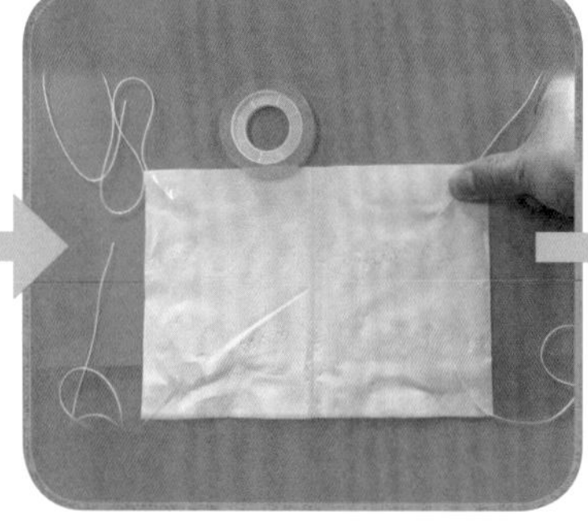

2 在靠近纸杯杯口位置均匀地开四个小孔。

3 在纸巾的四个角各用胶带粘牢一根棉线的一端。

4 将四根线的另一端系在纸杯的四个小孔上，调整一下四根线长度，使四根线长度大致相同，一个降落伞就做成了。

将纸巾塞进纸杯里，将纸杯向空中抛出去，就能看到降落伞打开，纸杯徐徐下落了。

不用纸巾，从垃圾袋上剪下一块塑料薄膜也可以用作伞衣。

降落伞是利用空气阻力减速的，应用范围非常广，除了应急救生，还用于飞机着陆时的减速、飞行器的空中回收、救灾物资空投等方面。

增大伞衣的面积可以增大空气阻力，获得更好的减速效果。“天问一号”2021年5月15日着陆火星时使用的降落伞，展开面积达200平方米。

那个降落伞采用了锯齿形盘缝带设计：伞的顶部是盘，接着有一圈缝，下面是带，带的尾部做成了锯齿形。

这样的设计有利于承受
风力和确保稳定性。

降落伞使用了48根伞绳。伞面和绳均使用了最新研发的特纺材料，伞绳的连接也首次使用了插接工艺，这样更能提升伞绳的强度。

降落伞大有
学问啊！

我们降落伞的制作有很
多可以改进的地方。

伞衣、伞绳、背带、伞包、开
伞方式……都要统筹考虑。

我在尝试制作“串联式组合降落伞”。

串联？一个接一个联成一串？

我在网络上看到，有人完成了军用串联伞的试验，据说更安全。
能“串”就能“并”——用几个伞同时拉着一个降落物体，也可以尝试制作。

张老师说

看来大家对降落伞了解得还是比较多的。使用降落伞其实就是利用空气的阻力减速，避免伞下的人或货物“硬着陆”，造成损伤或损失。从能量转化的角度看，就是把伞、人、物的机械能转化为内能。如果降落的物品比较贵重或精密，光有降落伞减速还不够。火星表面空气稀薄，提供的阻力有限，所以“天问一号”着陆火星时除了使用降落伞减速，还采用了反向制动（向下喷气获得反作用力）、吸能着陆腿设计等措施来保证“软着陆”。

活动十一 纸杯走马灯

今天我给大家带来一款纸杯制作的走马灯。

是气流推动轮轴旋转的走马灯。

那气流必须是向一个方向推动的才行啊。

气流向一个方向推动，这是可以做到的。我来给你示范一个。

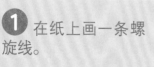

❶ 在纸上画一条螺旋线。

❷ 沿着螺旋线将纸条剪开，得到一条“纸蛇”。

❸ 用细铁丝支撑起螺旋纸带。在纸带下方点燃蜡烛，“纸蛇”便会旋转起来。

蜡烛的火焰加热周边的空气，空气受热后上升，就会推动纸蛇旋转。而且热空气上升时，周围的冷空气还会流过来补充，形成对流。

感觉风的形成原理与此类似。

用纸杯制作走马灯比做“旋转的纸蛇”要复杂些。

1 找两个同样的纸杯，在一个纸杯上剪出两个对称的“窗子”，底部放入香熏蜡烛。

2 在另一个纸杯侧壁画线、剪切，做出六到八个半开的、方向一致的“小窗”，并在纸杯底部扎个小洞。

3 将两个纸杯杯口相对，用双面胶带、纸带固定。用细线穿过上面纸杯中心，将整个装置悬吊。在下面的纸杯中放入点燃的蜡烛，走马灯便会慢慢地旋转起来。

明白了。上升的热空气从上面三角形小窗子流出时，会挤压翻开的“窗扇”，从而推动走马灯。

也就是说，小窗子不一定非要开在侧壁，开在最上面的杯底不也可以吗?

张老师说

古时的走马灯一般外面的框架不转动，而里面的轮轴转动，轮轴上的剪纸便跟着转动。放在里面的蜡烛一方面加热气流，产生转动的动力，另一方面可以将剪纸的影子投射到外围框架的屏上。如果剪纸的形象是骑马的人物，屏上就会有你追我赶的视觉效果，估计这就是“走马灯”名称的由来吧。

叶片旋转时带动中间的轮轴转动，轴上的剪纸跟着旋转。
竹篾、竹条等编扎成框架，用白纸或彩纸裱糊。
烛焰一方面加热空气，形成上升气流提供动力，另一方面将剪纸的影子投射到纸屏上。

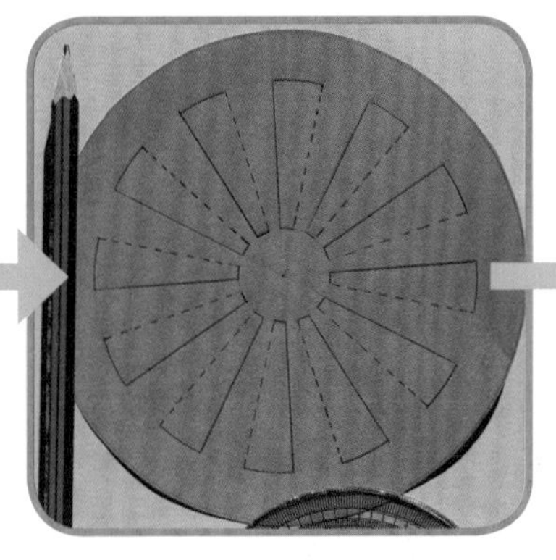

可以在纸杯底部画好图，沿实线剪刻，沿虚线折叠，制作出叶片。

猜想是对的，动力也可以来自走马灯的顶部。

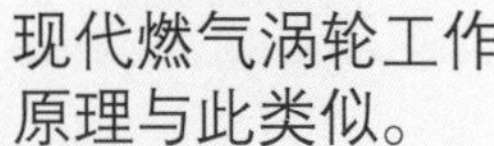
现代燃气涡轮工作原理与此类似。

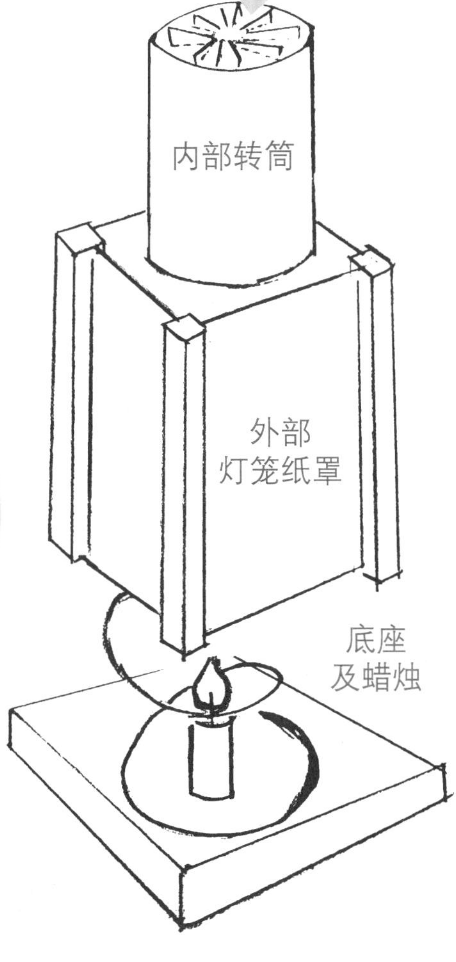
内部转筒
外部灯笼纸罩
底座及蜡烛

蜡烛也可以不跟着走马灯转动，和上面转动的“纸蛇”相似。

也可以用小电动机让走马灯转动起来。

走马灯的造型也可
以做得炫酷些。

还有一点也非常重
要，就是防止走马灯
烧着了，引发火灾。

查一查，有没有轻便、
耐热、坚固的新材料。

在制作中思考，还
能做哪些改进？

坚持科学理念，
守住安全底线。

利用基本原理，
拓展适用场景。

弘扬民族文化，
融入时代风采。

活动十二 纸杯投影

上次制作走马灯，我突然想到了影子的成因。

影子每天都能见到，原因就是光的直线传播呗。

光在水中直线传播

光在玻璃中直线传播

影子

光能透过透明物质，比如水、空气、玻璃，还有水晶。

射到不透明物体上，就会被挡住，光绕不到物体后面，就会在物体后面形成照射不到的区域，这就是影子。

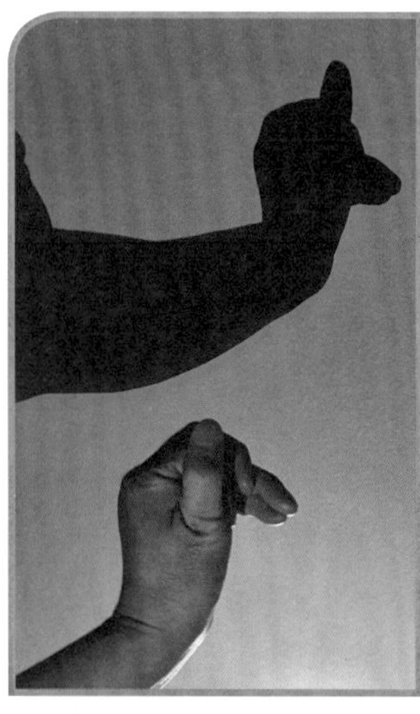

但是影子的形状和物体的形状不一定相同。我们玩手影的时候，可以模拟出鸭子、兔子、小乌龟。

你又做出什么小玩具了吧？

受手影、皮影、走马灯启发，做了个“纸杯投影仪”。

那就要用到光源，让光照射到不透明物体上，从而将影子投在屏上。

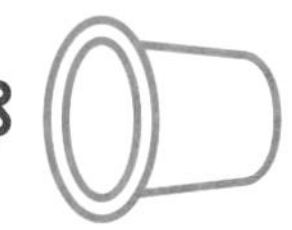

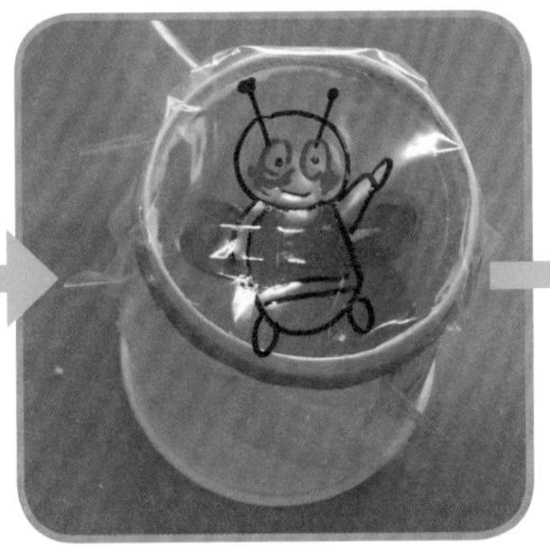

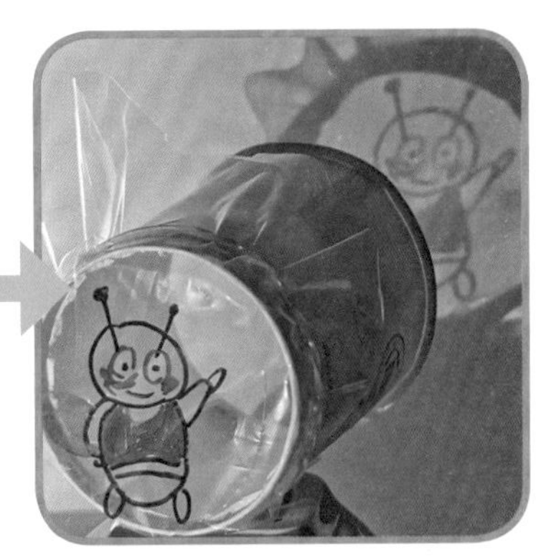

1 将纸杯底部去除，这样杯口到杯底就相通了。

2 在透明塑料纸上画图，然后用橡皮筋将塑料纸固定到杯底。

3 将光从纸杯底射向杯口，塑料纸上的图案就会落在墙面上。

这是基础版。我们考虑一下如何升级。

我觉得在暗一点的环境中做，图案应该看上去更清晰，效果更好。

有道理！因为增加了明暗的对比度。

图案可以画成彩色的，尝试不同的水彩笔或其他颜料笔，看哪个效果更好。

试过，彩色图案是可以投射到光屏上的。

也可以将连续变化的画面连成长条"胶片"，穿过杯身快速抽动，可以有放电影的效果。

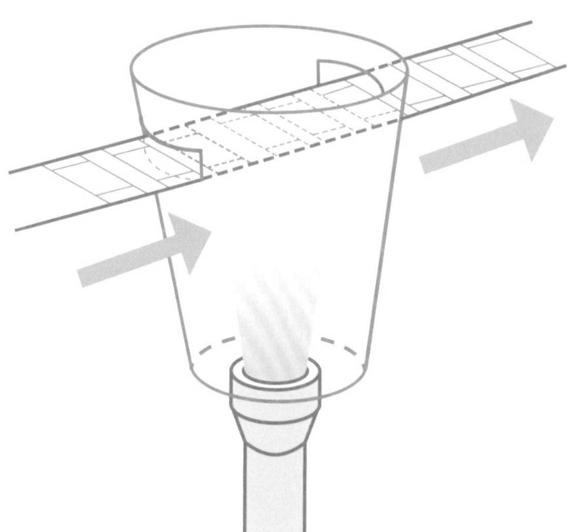

有那么多的创意！足够周末在家忙半天的了。

利用了视觉暂留？

张老师说

视觉暂留又称作"余晖效应"。光信号经晶状体和眼球成像落到视网膜上，感光细胞再将信号传入大脑神经，这个过程需要很短的时间。视神经也需要反应时间，光信号停止输入后，视觉形象不会立即消失，还能保留0.1~0.4秒的时间，这种残留的视觉也称"后像"。

我们还可以用不同颜色的彩色玻璃纸蒙在杯底，投出彩色光斑，然后将不同色彩的光斑投射到一起，研究色光的混合。

这其实相当于做了几个彩色光源。

张老师说

我们常见的太阳光是由多种可见光与不可见光混合而成的。不可见光包括红外线和紫外线，可见光包括红橙黄绿蓝靛紫七种色光。在色光中，红、绿、蓝三种颜色可以通过一定比例的混合得到其他颜色的光，而自身却不能由其他色光混合而成，因此称为“光的三原色”。比如红色光与蓝色光混合可以得到品红色光，红色光与绿色光混合可以得到黄色光，蓝色光与绿色光混合可以得到青色光，而红色光、蓝色光、绿色光按一定比例混合则可以得到白色光。

活动十三 小孔照相机

柠檬，纸杯投影做了吗?

做了，我根据光的直线传播，又做了小孔照相机。

啊，小孔照相机？高级了，快拿来看看。

找一支蜡烛来，点燃，表演开始。

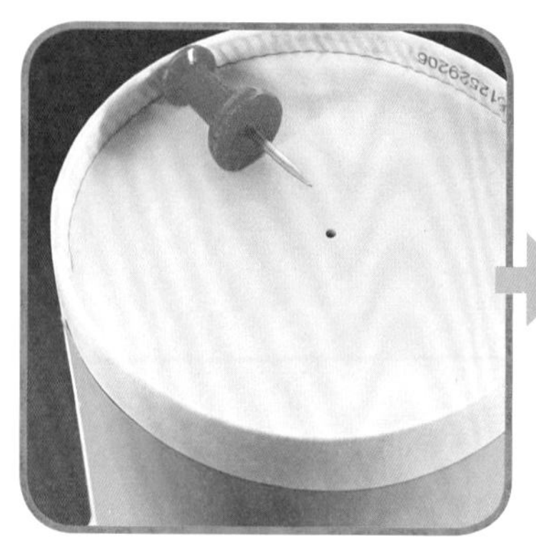

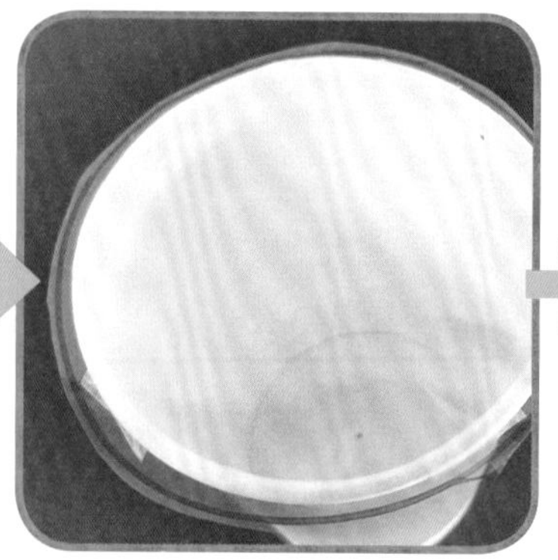

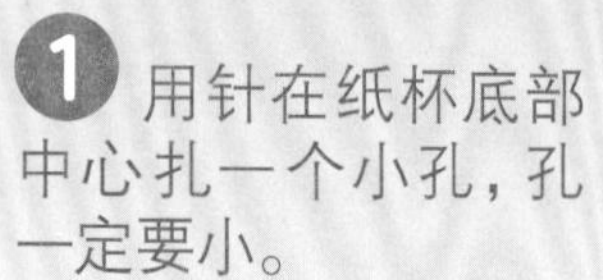

1 用针在纸杯底部中心扎一个小孔，孔一定要小。

2 在纸杯口蒙上一层半透明纸（或者是塑料膜），或者挡一块毛玻璃。

3 在离杯底不远处放一支点燃的蜡烛，半透明纸上会出现烛焰倒立的像。

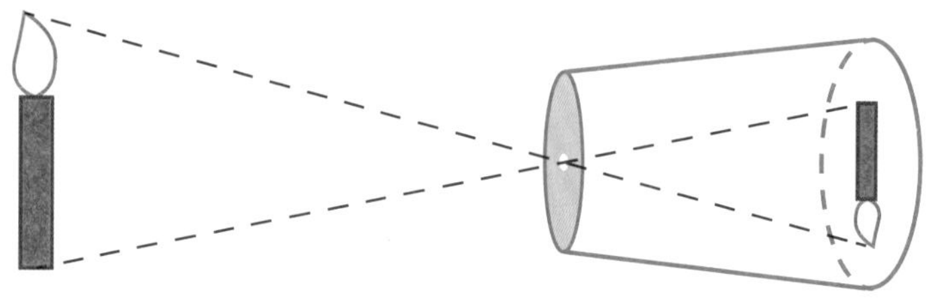

一个针孔照相机就完工了。蒙着杯口的半透明纸就是光屏吗？

是的，这个半透明的纸起到了光屏的作用，可以承接到实像。

张老师说

用这个针孔相机观察周围景物，成像并不清楚。周围环境越暗，物体的亮度越强，成像就越清晰。因此我们往往用蜡烛的火焰作为物体，并且拉上窗帘、关灯等，来降低环境亮度，这样成像就清晰了。当然，如果用厚衣服包住脑袋和针孔相机的光屏，制作一个“暗室”，光屏上的像也会清晰一些。

在实验室做实验时，有时我们也使用发光二极管作为物体。比如把发光二极管排成字母“F”形状，通过小孔成像后，我们在光屏上会看到上下、左右都倒立的像。

现成的材料，大家都做一做、试一试。

改变蜡烛距离、改变孔的大小，看看像有何变化？思考装置可以如何改进？

纸杯、针、硫酸纸、双面胶带、蜡烛、火柴……

干活干活。

开工开工。

为什么像总是倒着的?

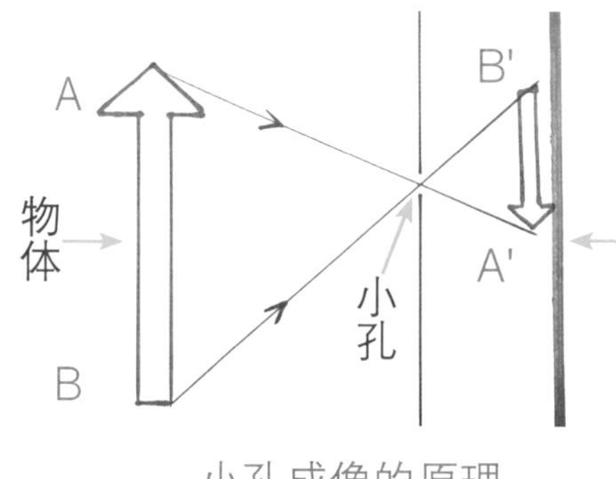
A
B
B'
A'
物体
小孔
光屏

小孔成像的原理

因为光的直线传播。蜡烛上部发出的光线经过小孔就落到屏幕的下方了，而下方的光经过小孔落到了屏幕的上方。

夏天，在浓密的树荫下，地面会出现一个一个圆形的光斑，这其实也是太阳的像。树叶间的缝隙充当了“小孔”，而路面就是光屏。

改变小孔到蜡烛火焰的距离，像的大小好像是变化的。

给你画个示意图，上下两幅图对比着看，你能发现像的大小与什么因素有关?

示意图

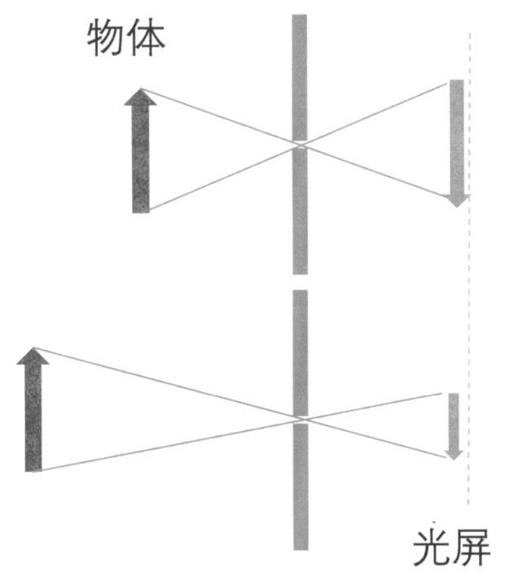
物体
光屏

改变物体到小孔的距离

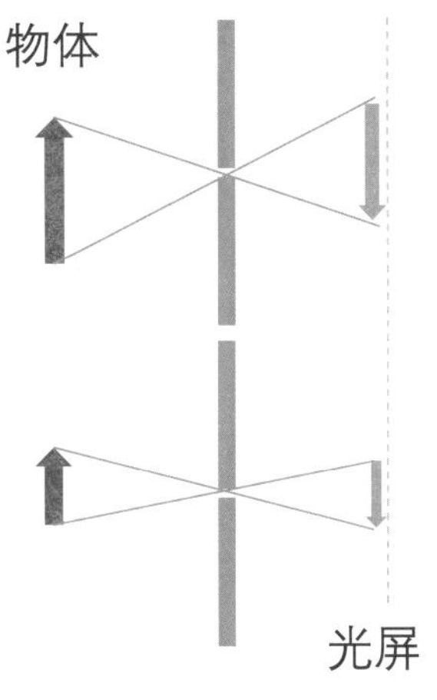
物体
光屏

改变物体大小

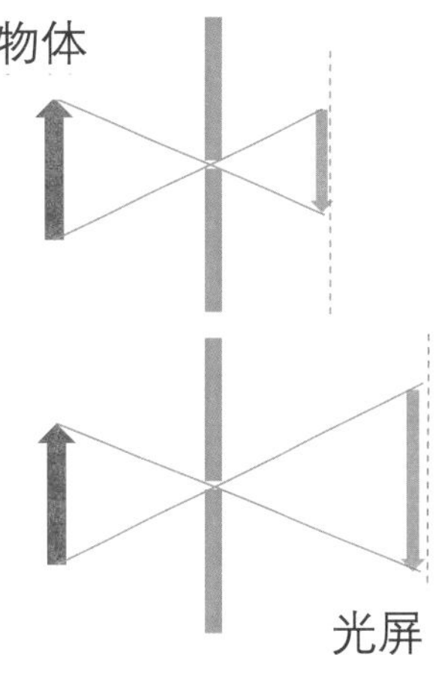
物体
光屏

改变光屏到小孔的距离

啊，明白了！像的大小和物体到小孔的距离、物体大小、光屏到小孔的距离都有关系！

纸杯的长度是固定的，怎么改变光屏到小孔的距离呢?

这个简单，用两个纸杯套起来。外面的纸杯底部扎小孔，里面纸杯底部换成半透明纸作光屏。

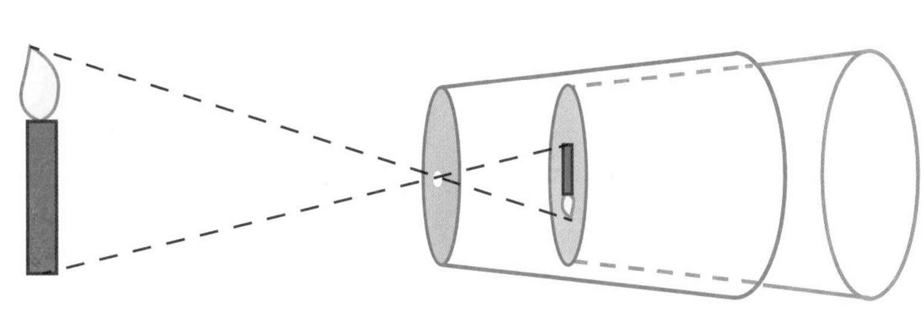

孔大一些，通过的光线就多了，像是不是更亮些？

那像就模糊了。

张老师说

找一张黑卡纸，用美工刀在卡纸上刻上大小不同的三组小孔，每一组小孔有三角形、圆形、正方形三种形状。将卡纸平行于地面放置，离地面40厘米左右高，观察地面上的光斑形状，看一下光斑形状有何不同？现在思考一下，你能明白为什么针孔照相机的小孔必须要小了吗？

当孔的大小和孔到物体、孔到光屏的距离相比，很小时，光斑的形状和物体相似；如果孔大了，光斑的形状则和孔的形状相似。当然，这两种现象都是由光的直线传播形成的。

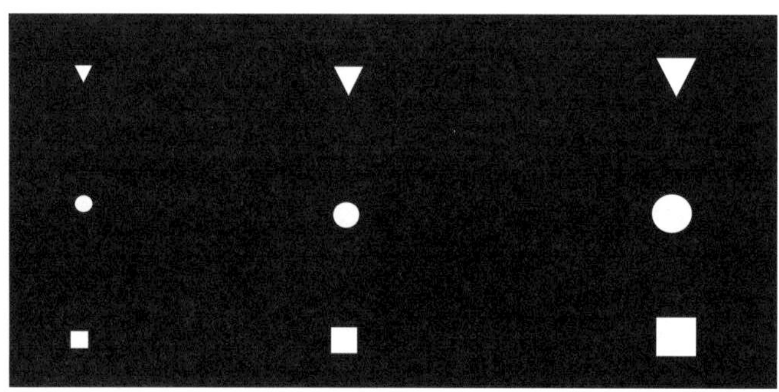

活动十四　纸杯不倒翁

聪明豆，用纸杯出个题目给你，如何?

荣幸之至！放马过来。

纸杯平放在桌面上时，会滚动。

正常啊，风吹，或者手推，都会让杯子滚动。

我的问题是，当杯子滚动后，如何能让它再自动滚回来?

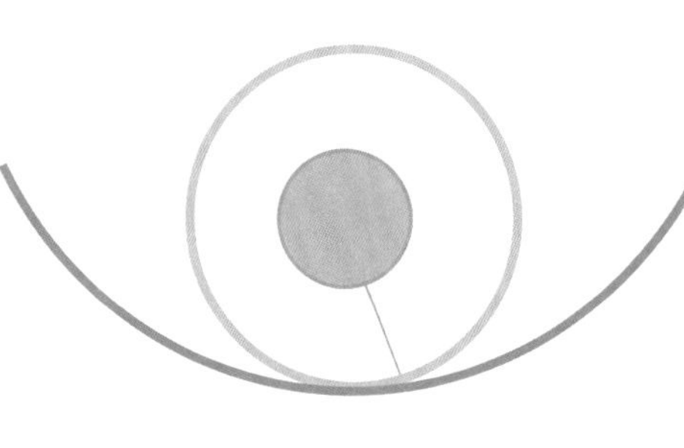

简单啊，让纸杯在圆弧形的面上滚动。纸杯总会滚到最低点。

为什么呢?

事实就是这样啊。

地球表面的所有物体，都会受到地球的吸引。

这个我知道，万有引力呗。

由于地球的吸引，地球表面的所有物体都受到竖直向下的重力。

所以，水往低处流。

所以树上的苹果会往下掉，砸到牛顿的头，苹果不会自动飞向天空。

纸杯会滚向位置更低的地方也是这个原因。

我们可以认为物体所受的重力集中在一点上，这个点叫重心。

质量均匀的圆，重心在圆心。

质量分布均匀的长方形，重心在对角线的交点。

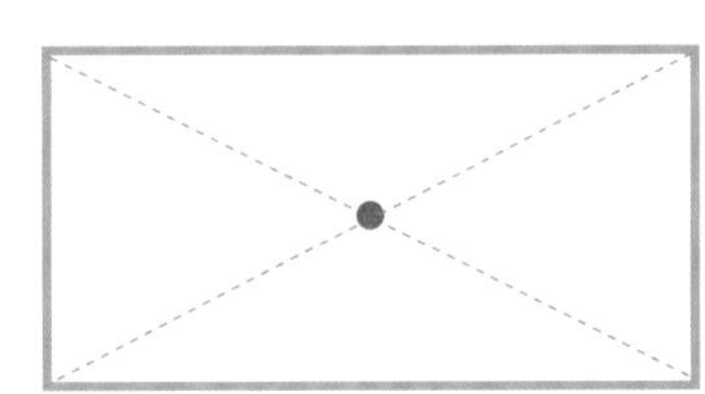

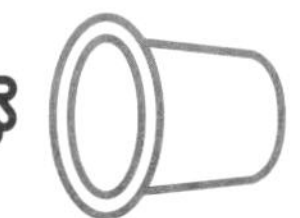

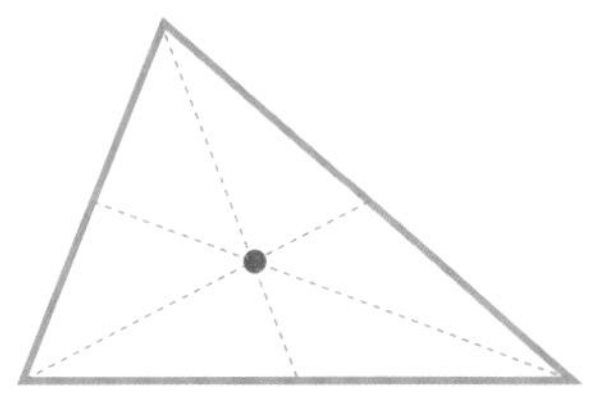

质量分布均匀的三角形，重心在三条中线的交点。

圆环的重心也在圆心。

是的，重心可以不在物体上。

纸杯重心在纸杯内部的空间一点。

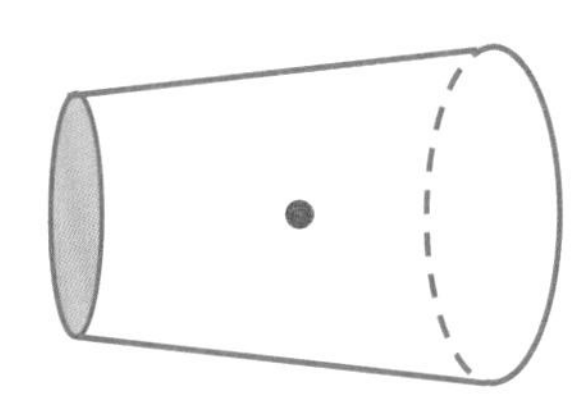

张老师说

物体的稳定程度与重心高度有关系，物体的重心越低就越稳定。“不倒翁”能保持不倒的奥秘也在于此，一旦偏离平衡位置，重心就升高了，还会摆回来，保持重心最低的状态。

所以木棒直立在地面上很容易倒，平放在地面上则很稳定。

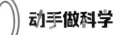

人趴在地面上最不容易摔倒，重心降到最低了。

哈哈，开心果，你的问题我有答案了。

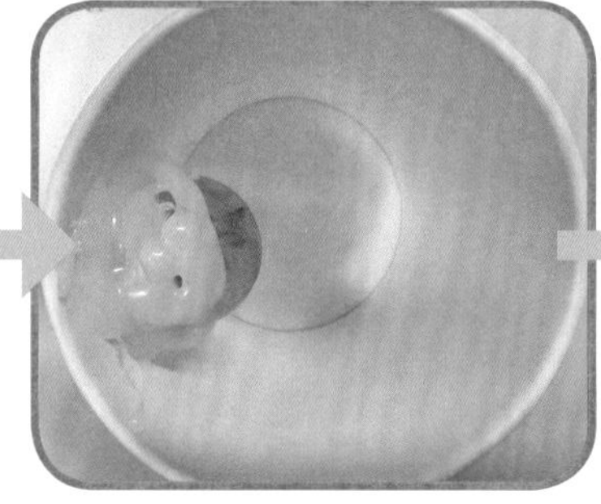

1 纸杯平放在水平桌面上，用热熔胶在纸杯内侧壁固定一个玻璃球。

2 让纸杯滚动，偏离平衡位置后，放开手，纸杯就会自己滚回来。

3 对纸杯进行装饰，让“不倒翁”的形象更生动、更有趣。

纸杯怎么还可以自动回来呢?

思路不同，创意就不同。

开心果的问题，我们回去再思考一下。

活动十五 胡克滚轮

聪明豆，我换了个思路，也能让滚出去的纸杯自动滚回来。

太好了。

请开始你的表演。

学习学习。

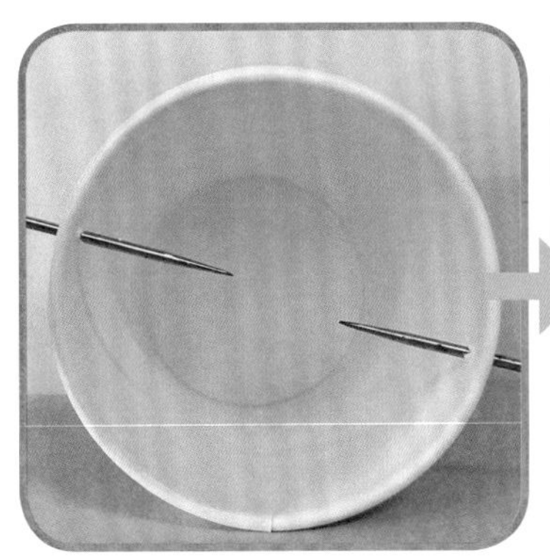
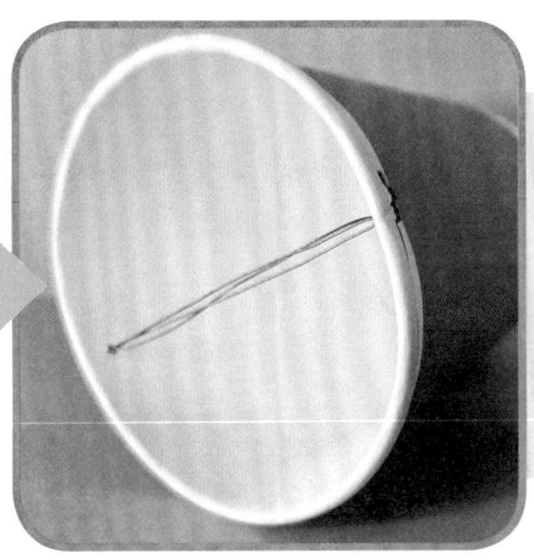

1 用锥子在杯口两侧扎两个对称的小孔，用细铁丝穿过小孔，在杯口外侧绕一圈固定。

2 用两根橡皮筋固定螺母，一根橡皮筋固定在杯口的铁丝上。

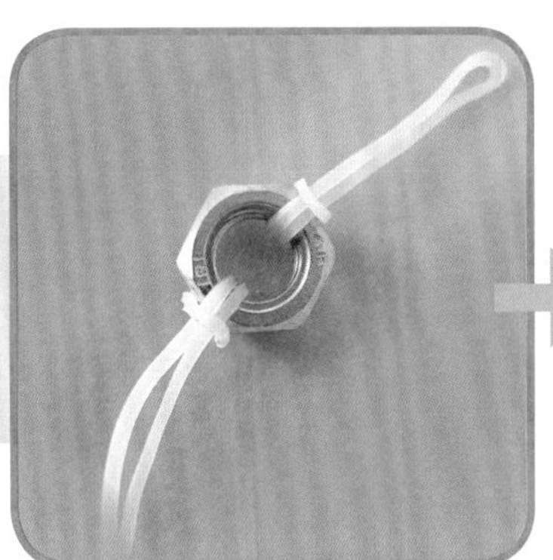

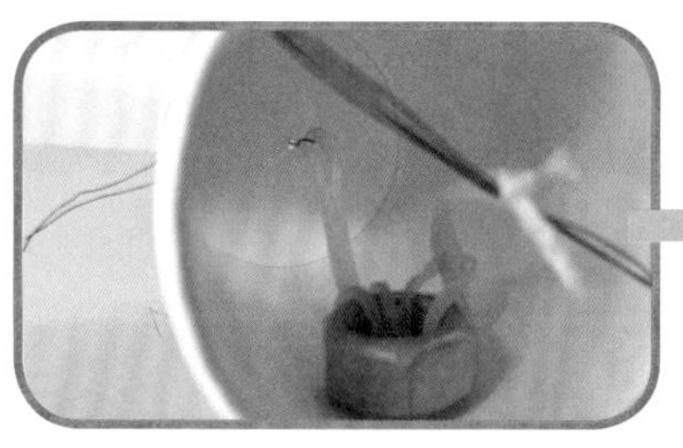
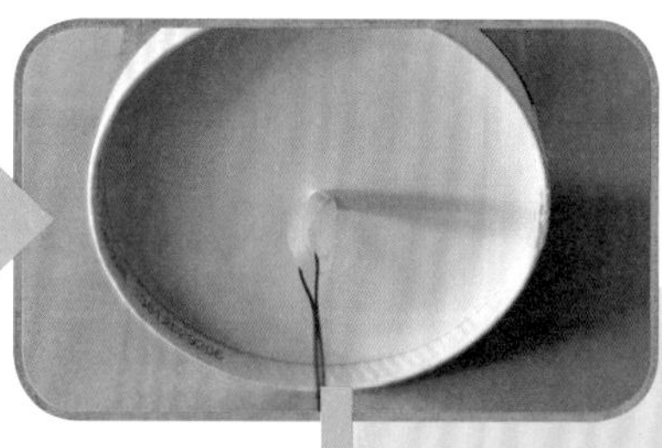
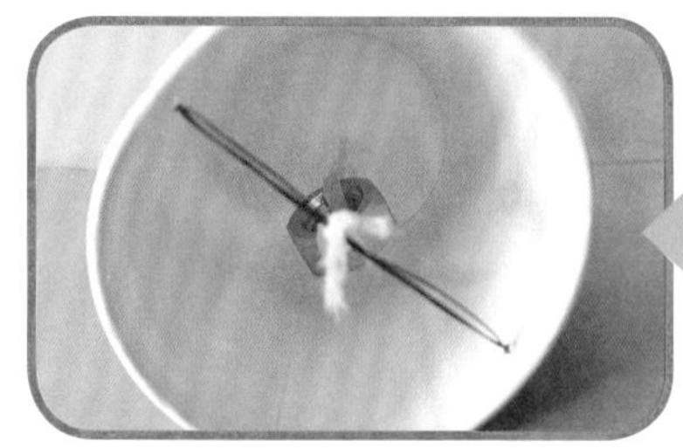
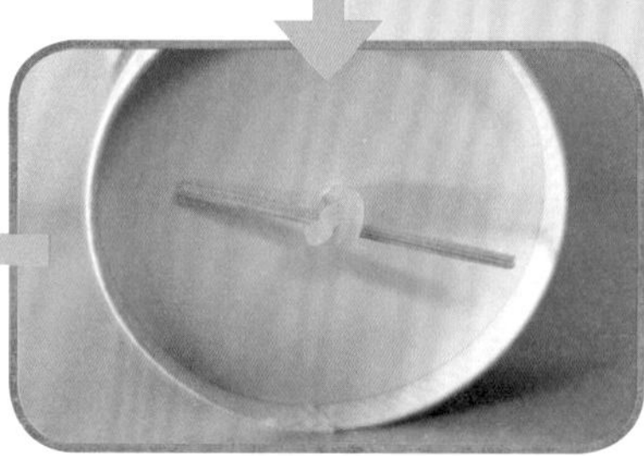

③ 另一根橡皮筋穿过杯底的小孔，固定在牙签上。

将纸杯平放在水平桌面，推一下让它滚出去，纸杯会自动滚回来，摆动几次，停在原来位置。

张老师说

这个制作包含着丰富的科学原理。当纸杯滚动，橡皮筋发生扭曲形变，储存了弹性势能；如果螺母位置升高了，还会储存重力势能；这会消耗纸杯的动能，直到纸杯停下。纸杯停下后，在螺母重力、橡皮筋弹力的共同作用下，纸杯又会滚回来，将储存的重力势能和弹性势能释放出来，转化为动能。纸杯回到原来位置时不能立即停下来，原因是纸杯具有惯性。

这个装置有专门的名字吗?

叫胡克滚轮。

我知道了，胡克是科学家，对物体发生形变产生弹力有过专门研究。

张老师说

弹簧测力计就是利用胡克的发现制作的：在弹性限度内，弹簧的伸长与受到的拉力成正比。这个规律也叫胡克定律。

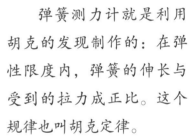

这个装置可以改进。我们可以用两只纸杯组合，让装置走直线。

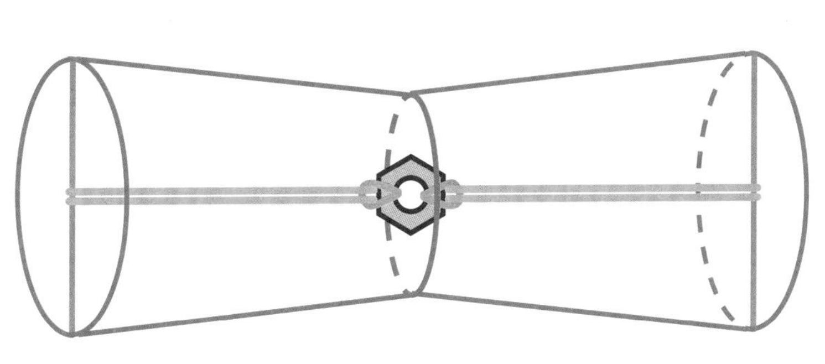

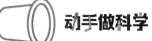

也可以用饮料瓶制作。

空心筒状的容器都可以用来制作。

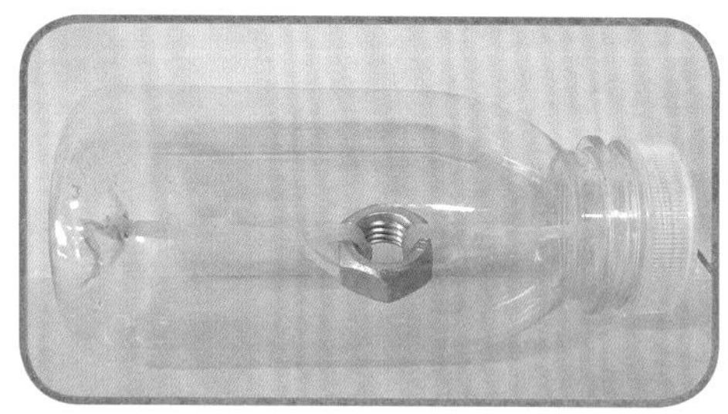

可以多放几根皮筋，滚筒推出去后，
橡皮筋可以储存更多的弹性势能。

螺母的重量不同，不知道会对
滚动效果产生什么样的影响。

要是从斜坡上滚下来，不知
道会不会自动再滚上去?

这要看斜坡的坡度有多大了。

纸上得来终觉浅，绝知此事要躬行。

动手试一试。
实践是检验真理
的唯一标准。

发现问题再讨论。

学思行要结合。

活动十六 玛格努斯滑翔机

一只小小的纸杯，可以做“不倒翁”，晃来晃去；可以做“胡克滚轮”，滚去滚回；可以做走马灯，转来转去……

还能飞来飞去。

你是说“纸杯直升机”？

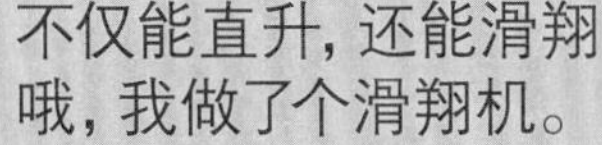

不仅能直升，还能滑翔哦，我做了个滑翔机。

哦？

哦？

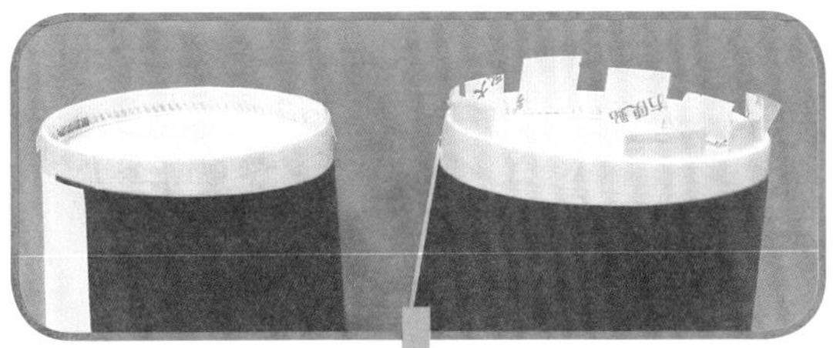

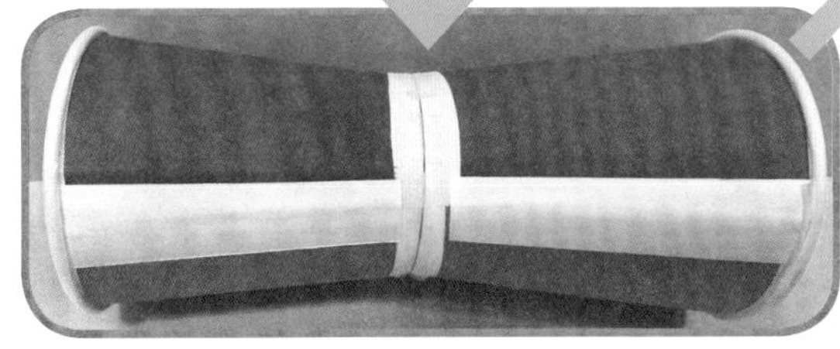

1 用双面胶将两个杯底相对粘在一起。在杯底连接部位外侧用双面胶和纸带加固一下。

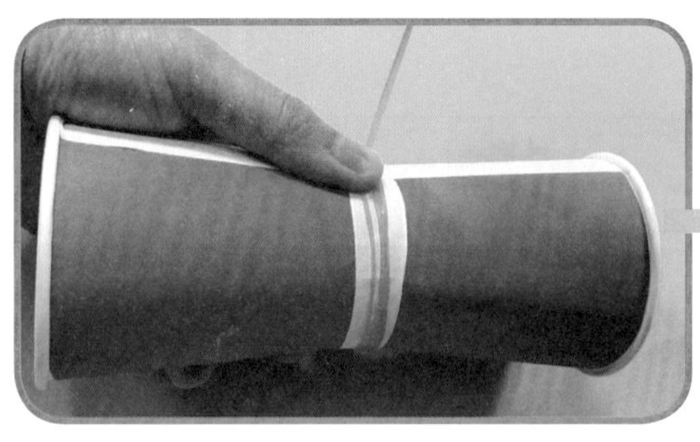

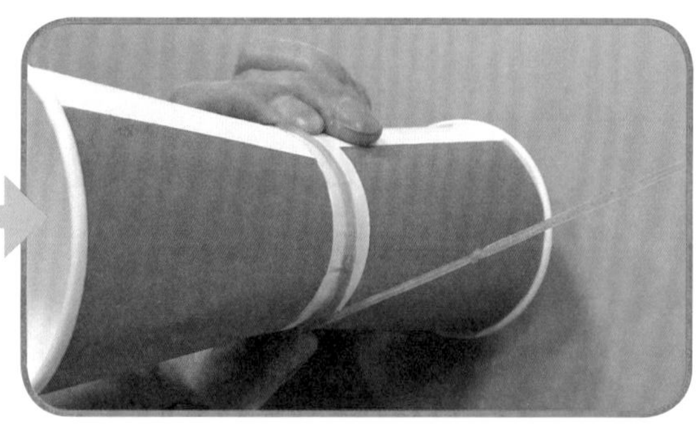

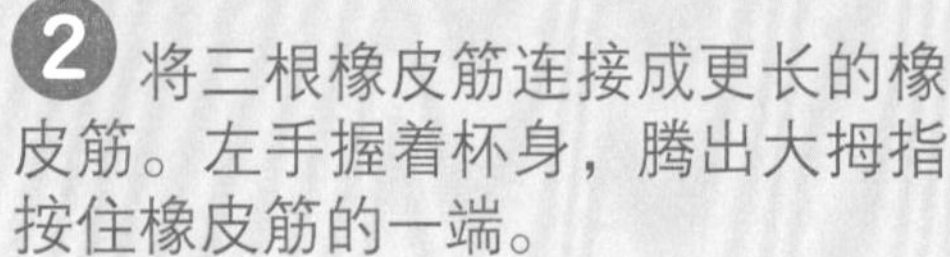

② 将三根橡皮筋连接成更长的橡皮筋。左手握着杯身，腾出大拇指按住橡皮筋的一端。

③ 右手将橡皮筋拉长，向下再向前在飞行器中部缠绕两至三圈，向斜上方用力拉长橡皮筋，同时左手松开，让纸杯飞出去。

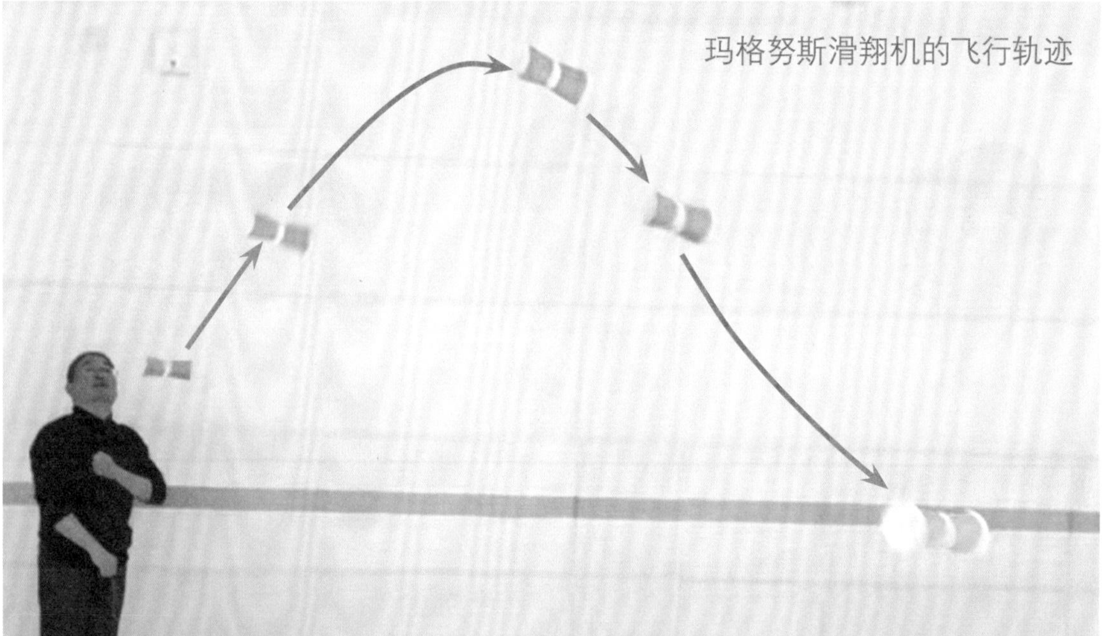

玛格努斯滑翔机的飞行轨迹

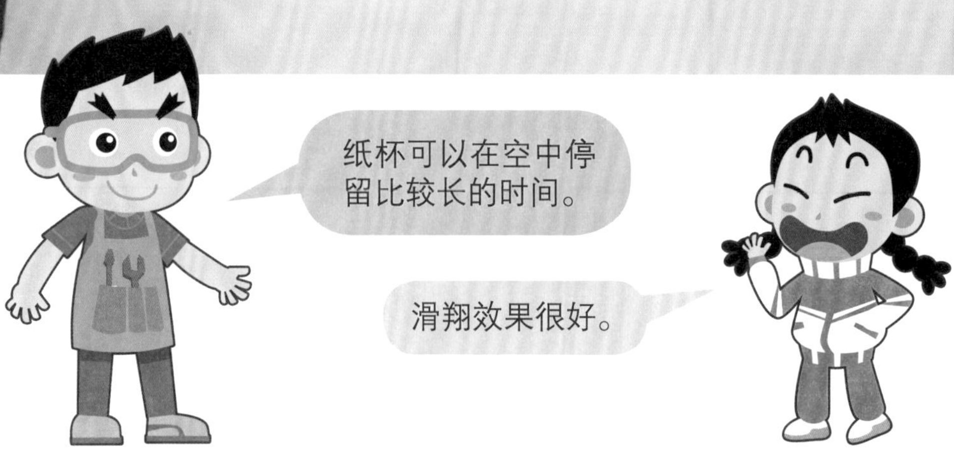

纸杯可以在空中停留比较长的时间。

滑翔效果很好。

升力从何而来?

橡皮筋的弹力让纸杯飞出去并转动，转动会导致纸杯上方与下方空气流速不同，上方空气流速更大，导致气压减小。下方气压比上方大，产生压力差。这个压力差就提供了升力。

空气流速越大，气压就越小。

向两只气球中间吹气，中间空气流速增大，气压就会减小，两侧较大的气压会把气球压到一起。

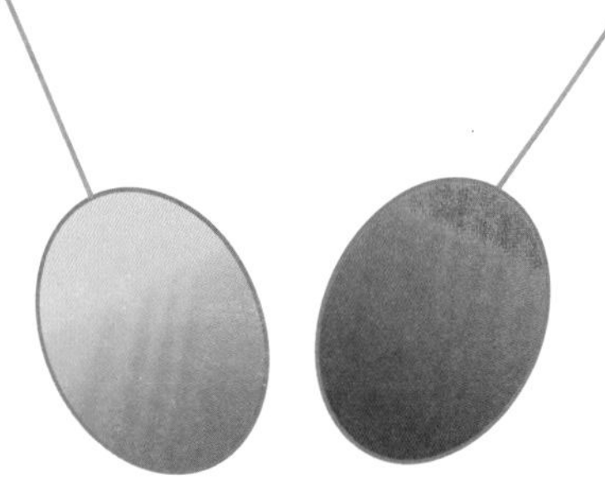

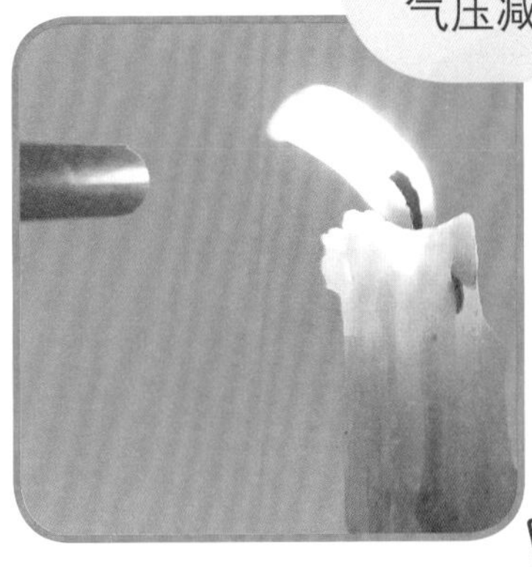

将纸折成倒“V”字形扣放在桌面上，向下面空腔里吹气，纸会被上面的气压压趴下；吹动烛焰一侧的空气，气流速度增大导致气压减小，火焰会偏向这一侧。

球体在空中飞行时，如果旋转起来，就会导致两侧产生气压差；旋转方向不同，大气压力差的方向也不同。

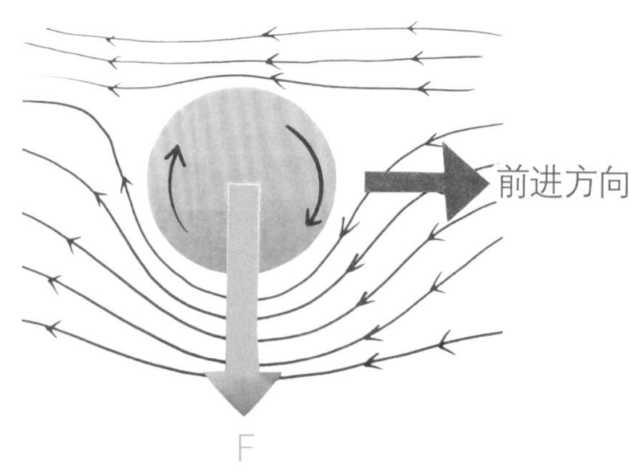
前进方向
F

踢足球时的“香蕉球”，打乒乓球时的“旋转球”，都是这个原理。

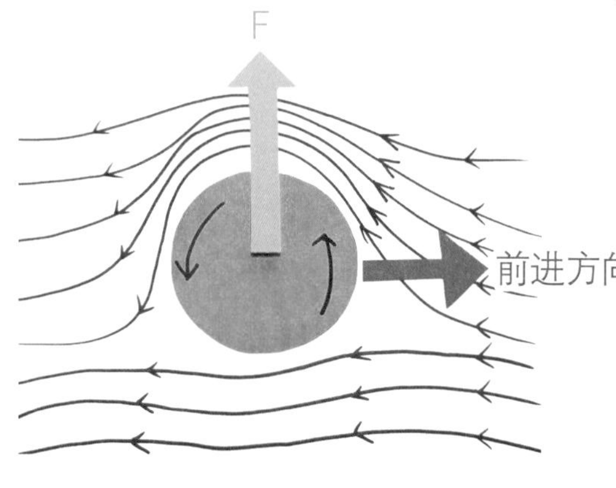
F
前进方向

我们赶紧做个滑翔机。

不试不知道，试试真奇妙。

姿势不对时，橡皮筋会打到手。

飞一飞，试一试。

哇，试了七八次，才飞起来。

飞行的纸杯落到地面上还会转动，有时能转动站起来。

应该是陀螺效应。

如何让飞行器保持平稳？

如何延长在空中的飞行时间呢？

如何让飞行器飞得更远？

在纸杯上贴上红蓝绿色的纸带，当纸杯转动起来时，我们看到的就不再是红蓝绿色了，视觉暂留让色光进行了混合。

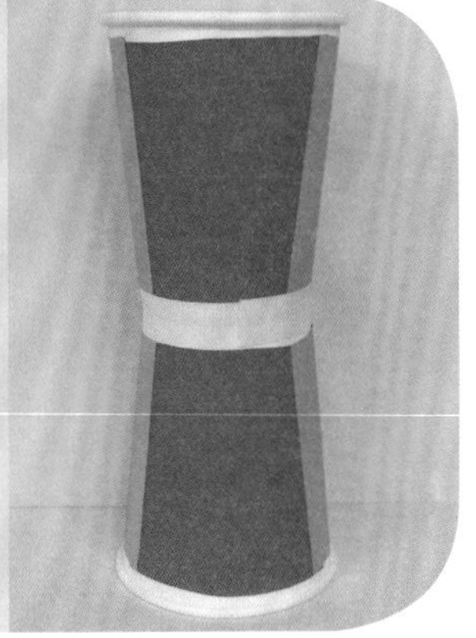

任何原理都可以应用在多个方面。

功能可以不断丰富。

技术也可以越练越精。

活动十七 悬浮的纸杯

最近我在想，纸杯怎么样能从斜坡底部自动滚上坡顶。

我是从形状上思考的，由纸杯想到笔筒。

和一般的笔筒相比，又有什么不同呢？

轻便，便于挪动，对支持面的压力小……

便宜，桌子上摆十个八个也不花多少钱，可以把铅笔、彩笔、锥子、竹签等分类摆放。

不一定摆放在桌子上，还可以穿上线悬吊起来，还可以在周边挂几个铃铛，风一吹叮当作响……

张老师问

大家对发散思维的运用非常熟练啊，一连串的联想，轻松实现创新思维的“链式反应”了。今天给大家出个题目，如何让纸杯悬浮在空中？

如何让纸杯悬浮在空中呢?

可以用电风扇或电吹风往上吹。

需要克服纸杯的重力，比如用拉力来和重力平衡，用氢气球将纸杯吊起来。

乘坐纸杯，周游世界。

将吹足气的气球塞在纸杯里，气球向下放气，纸杯就会上升。

这些好像都不靠谱，风扇和电吹风的风都不稳定，气球喷气也很难控制方向，磁悬浮列车利用了磁极间相互作用的规律，我们可以利用这个原理试试。

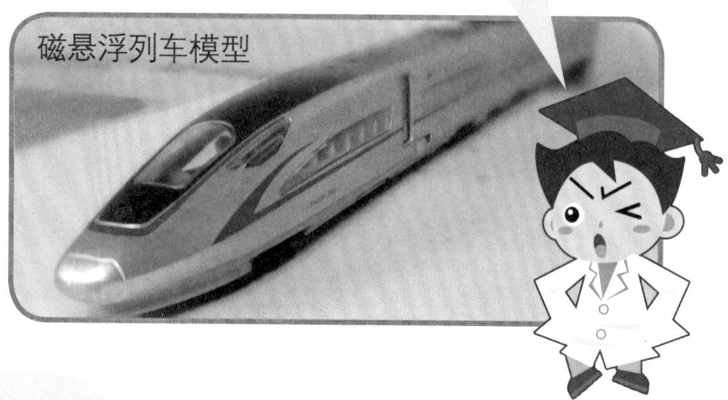

磁悬浮列车模型

利用同名磁极相互排斥的原理，可以让上面的杯子悬浮起来。

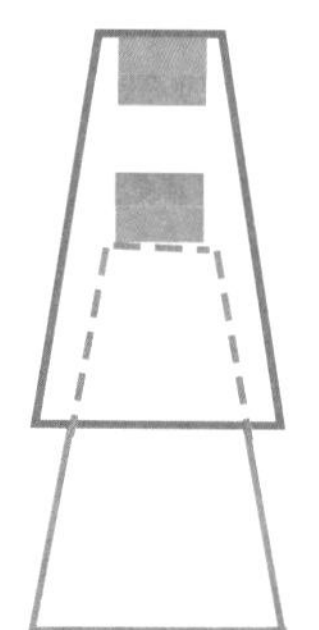

N

S

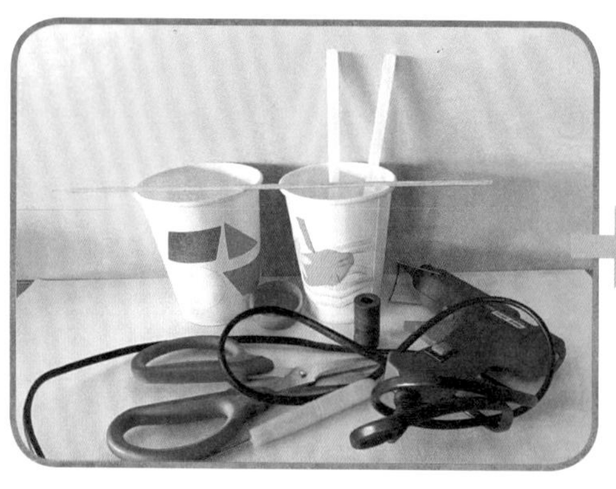

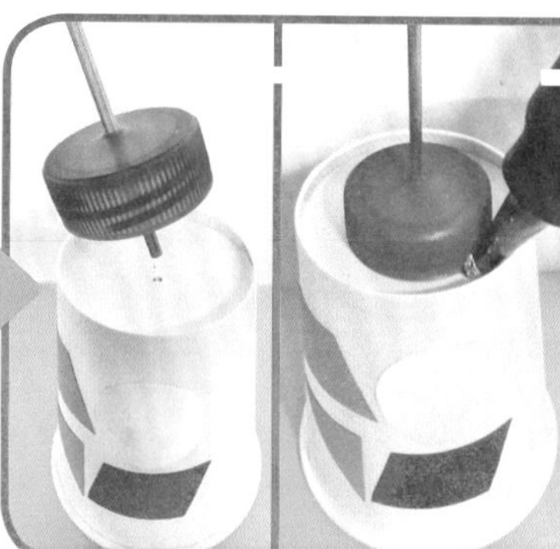

1 准备器材：两个纸杯、四个小环形磁铁、一根竹签、一根吸管、一个饮料瓶盖、锥子、热熔胶枪、剪刀、卡纸等。

2 在瓶盖、纸杯底部扎洞，让竹签穿过；用热熔胶将瓶盖固定在杯底，纸杯内的竹签一周也用热熔胶固定，保证纸杯口朝下放在水平桌面上时，竹签处于竖直方向。

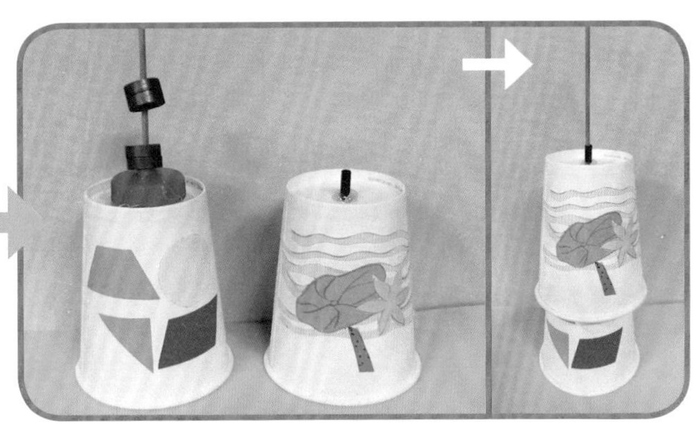

3 在另一个纸杯底部也扎个小洞，穿过一小截吸管，用热熔胶从纸杯内外将吸管固定，保证吸管和纸杯底部垂直。

4 将四个环形磁铁分成两组套在竹签上，一组因重力作用落在瓶盖上，另一组因同名磁极相互排斥而悬在半空；将另一个纸杯口朝下，套在竹签上，上面一组磁铁让纸杯也悬在了空中。可用手将上面纸杯下压，一松开手，纸杯就会跳起来。

在上面纸杯底装饰一个青蛙卡通形象，一只跳跃的青蛙就做好了。

如果把青蛙换成松鼠，就能做一个跳跃的松鼠。

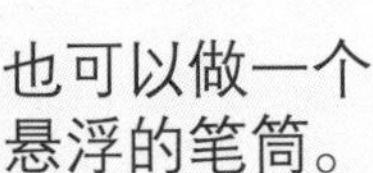

也可以做一个悬浮的笔筒。

还可以让上面的纸杯绕着中心轴旋转。

活动十八 纸杯煮鸡蛋

没有锅，咋煮鸡蛋呢?

咋啦，柠檬，嘀咕啥呢?

我想煮个鸡蛋，但是没有锅，也没有煤气灶。

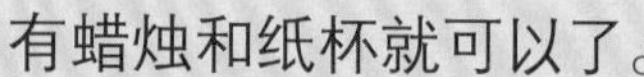
有蜡烛和纸杯就可以了。

你是说用纸杯煮鸡蛋? 用蜡烛火焰加热? 开玩笑吗?

真的可以的。我们不妨请开心果给你示范一下。

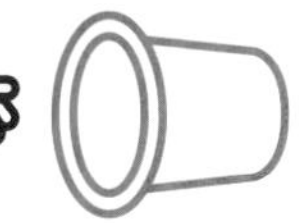

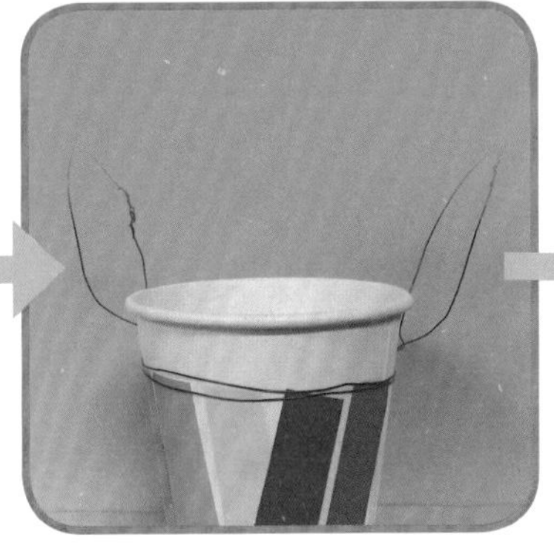

1 准备器材：纸杯、细铁丝、蜡烛、火柴、竹签或筷子、剪刀、若干木块等。

2 将细铁丝绕在纸杯口，便于悬挂在竹签下。

3 在纸杯内加入适量的水，然后用竹签吊起纸杯，架在两边的木块上；通过调节保持杯子平稳、高度适中后，杯底用点燃的蜡烛加热。

4 注意，用烛焰的外焰加热。可以在蜡烛下面垫上耐热的物体来调节高度。

张老师说

酒精灯的火焰分为三层，非常明显。中间明亮的部分燃烧不充分，叫内焰；最外面一层和空气接触，

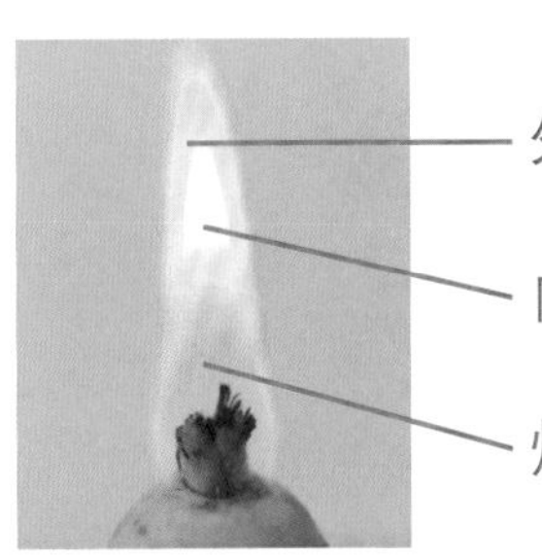
外焰
内焰
焰心

酒精灯的火焰

蜡烛的火焰

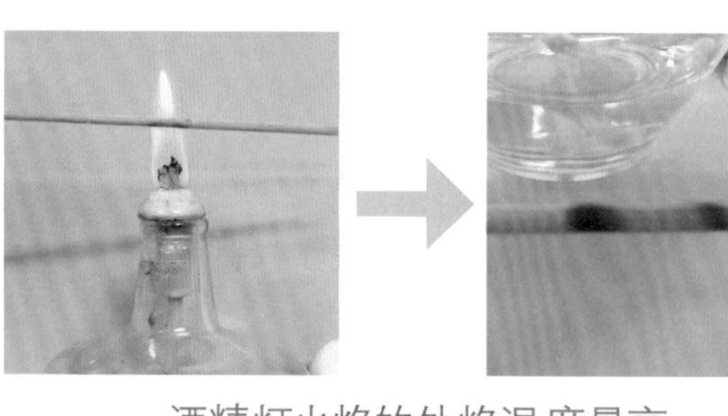

酒精灯火焰的外焰温度最高

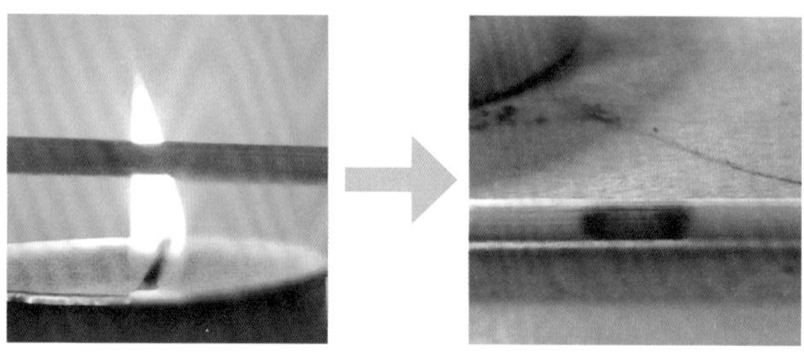

蜡烛火焰也是外焰温度最高

燃烧最为充分，温度也最高。烛焰分层不明显，其实也分三层，中间的内焰部分存在未完全燃烧的碳粒；最外层的外焰温度最高。将竹签放在火焰上烤两秒拿开，会看到竹签放在外焰的部分先烧焦，证明外焰的温度最高。

拿个瓷碟子放在烛焰上烤几秒，你会发现碟子底部变黑了。这个黑的部分就是碳黑，未完全燃烧的碳粒。碳黑不溶于水，也不溶于酸碱溶液，所以碟子底部只能用纸擦拭干净了。

我用白纸卷个纸条，放在烛焰上烤烤……哈哈，白纸上既能看到烧焦部分，也能看到碳黑。

火焰温度那么高，纸杯为什么烧不着呢？

我查阅有关资料：烛焰的温度是超过纸的燃点的。

但是纸杯还是达不到燃点温度。通常情况下水被加热到100℃就沸腾了，沸腾后再加热温度也不再升高。

纸杯从火焰上吸收的热量传给了水，所以纸杯的温度与开水温度差不多，达不到燃点。

物体之间只要存在温度差，就会发生热传递。水的吸热本领是很强的。

水咋还没烧开?

水在吸热的同时,也在向外散热的。我们用硬纸板把纸杯口盖起来,这样就可以减少散热了。

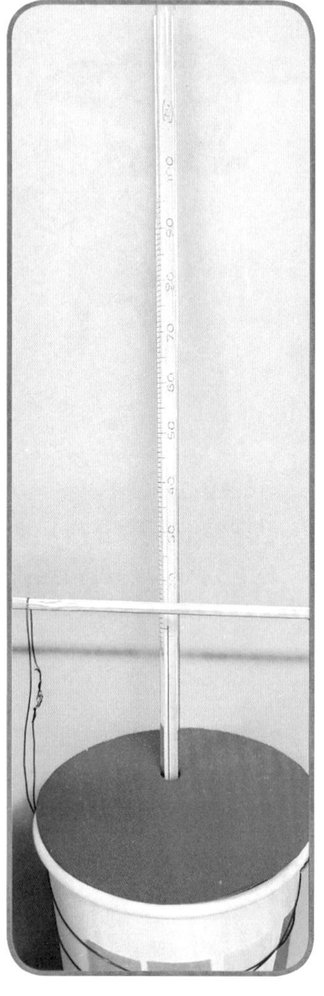

或者一开始就用温水加热,而不要用冷水。

如果插一支温度计在水里,我们就可以看到水温的变化了。

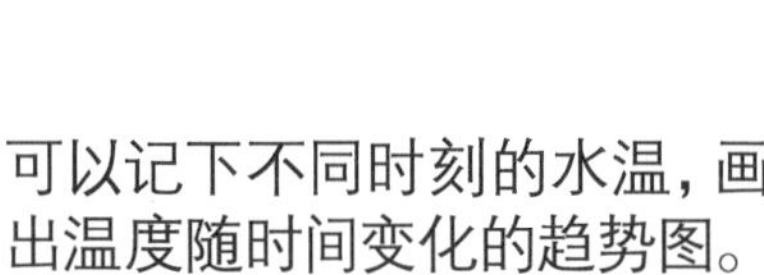
可以记下不同时刻的水温,画出温度随时间变化的趋势图。

根据趋势图还可以比较在不同时间段温度升高的快慢。

温度/℃

0

时间/min

水温趋势图

水在冒气泡。

还能听到声音。

蜡烛烧掉一截了，嗯，
将蜡烛往上面移动一
些，保持外焰加热。

张老师说

水在加热的过程中，温度、气泡、声音都会发生变化，所以观察要全面、持续、动态，看到细节，看到变化。记录温度变化时，可以从 80℃开始，每隔 30 秒记录一次值，一直到沸腾后，再持续记录 2 分钟。大家会发现，沸腾前加热，水温持续升高；沸腾时加热，水温就保持不变了。水在刚加热时听不到声音，后来声音慢慢变大，到沸腾时声音反而又减小了一点，这就是人们常说的“响水不开、开水不响”，烧开时不是没有响声，而是响度比烧开前小了一些。

哈哈，有纸杯就
可以煮鸡蛋了。

水火无情，安
全第一哦！

活动十九 纸杯小船

纸杯和塑料杯都能浮在水面上。
是的，还可以承载不少东西呢。

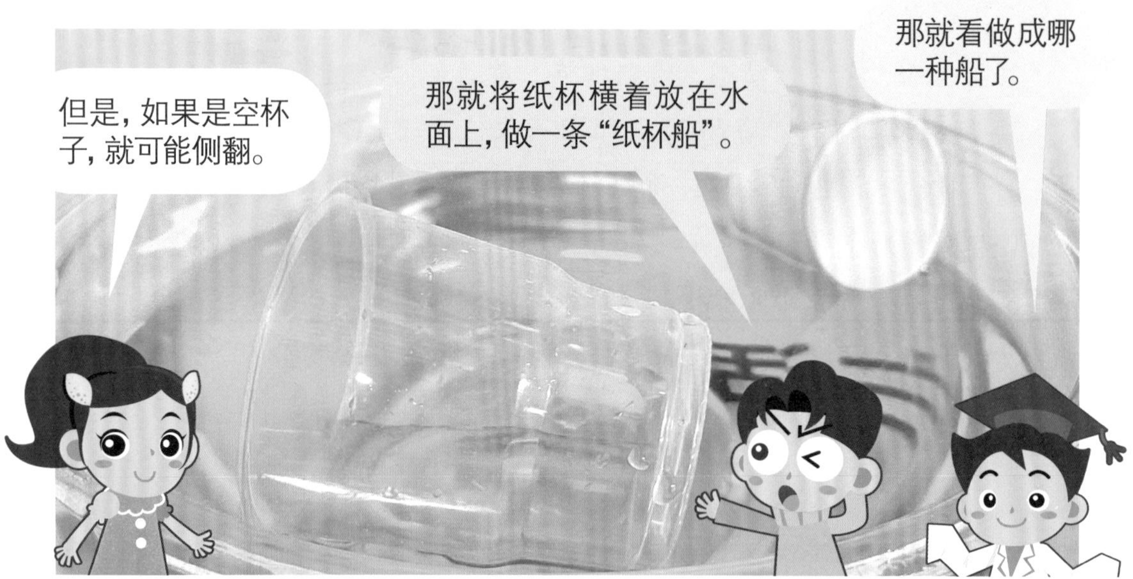
但是，如果是空杯子，就可能侧翻。
那就将纸杯横着放在水面上，做一条“纸杯船”。
那就看做成哪一种船了。

船还有很多种?

是的，确实有很多种。

张老师说

作为水上交通工具，船、舟、筏很早就出现了。一般来说，筏比较简单，用竹子、木头平摆，编扎而成，又叫竹筏、木筏，后来也有羊皮筏等。舟的制作也不复杂，有的就是找根木头，把中间挖空，就成为独木舟了。舟一般没帆，而船常常是配帆的。汉字中很多字都用“舟”作为偏旁，比如用桨划的小船，叫舢；用牛皮保护的战船，叫艨艟；小型的、轻便一点的船只叫艇；大型海船则叫舶。和船有关的字还有很多，如舸（大船）、舴艋（小船）、舱（船上载人或装货的空间）、舷（船两侧的边沿部分）、艄（船尾）、舵（控制方向的装置）、舾（锚、桅杆、管路等设备的总称）。还有一些专门的动作，如航（在水中行驶或空中行驶）、舣（让船靠岸）等。和船有关的字有那么多，可见在历史上水运是多么发达。

早期“舟”的不同写法

各种舟、船、艇等

纸杯竖直放不会进水，
横着放会进水的啊。

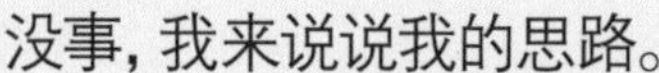
没事，我来说说我的思路。

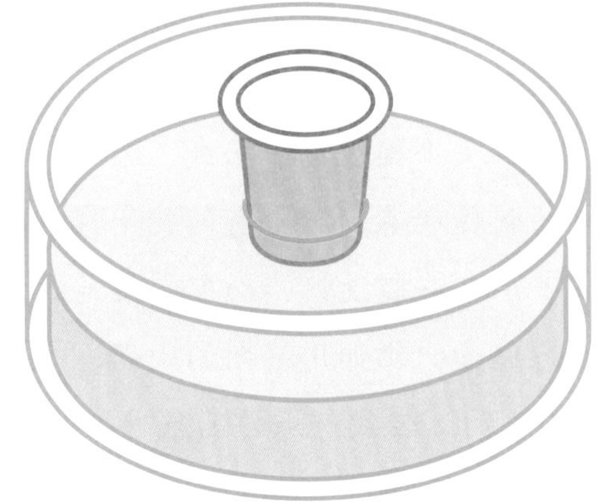

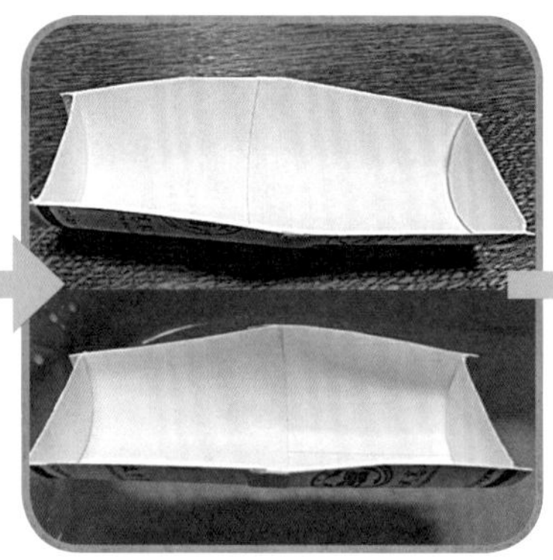

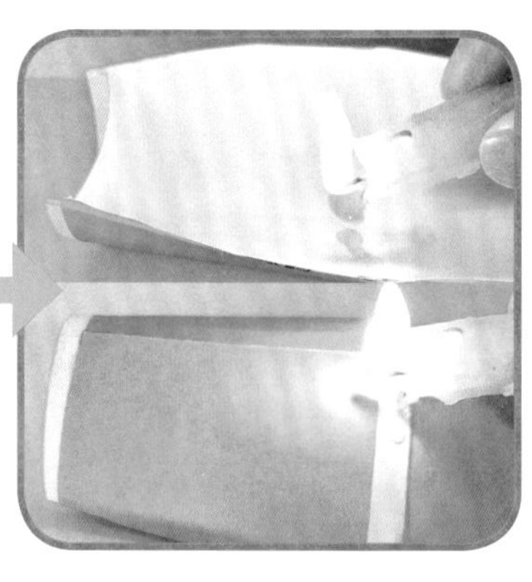

1 把两个纸杯从中间一剖为二，得到两个对称空腔。

2 将杯口部位用双面胶粘到一起，便得到一个“小船”。

3 为防止被水浸湿，可以在接口部位滴一些蜡油。

还可以让船的舱体更大。

这样载重量大大增加。

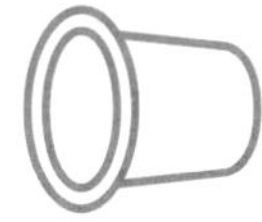

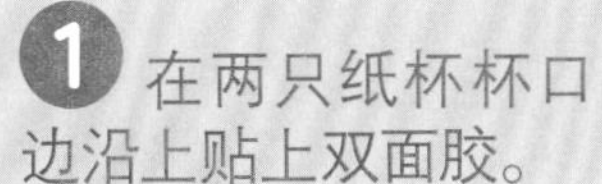

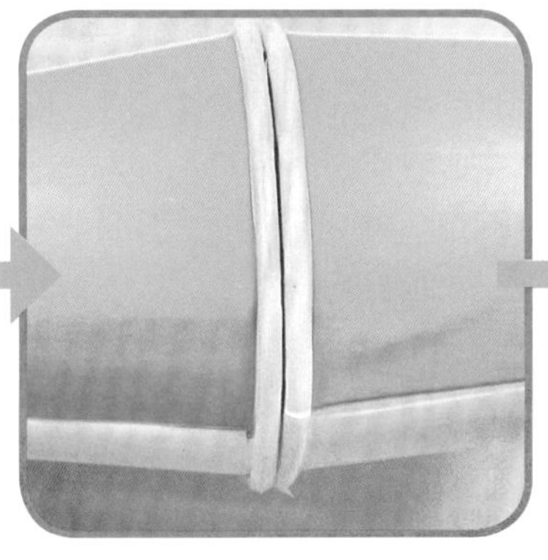

1 在两只纸杯杯口边沿上贴上双面胶。

2 将两只纸杯杯口相对，粘连在一起。

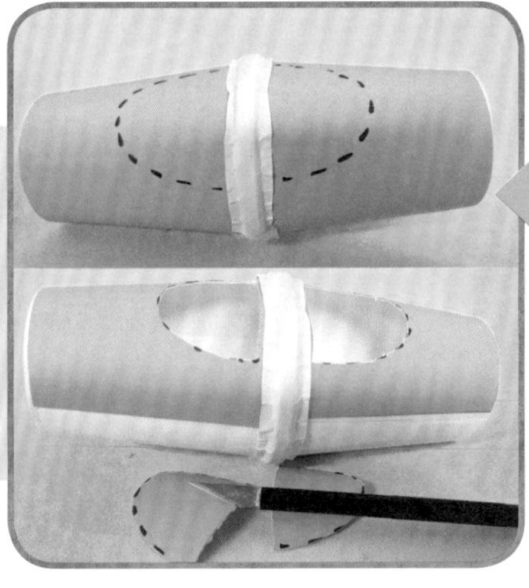

4 将纸杯外壁虚线所示部分挖空，一个舱体更大、载重量更大的小船就完成了。

3 在接口外围再粘一圈双面胶带，然后覆盖上白纸纸条，按捏牢固。

为了防止翻转，可以用热熔胶在船体固定两粒玻璃球。

可以安装船帆。

可以在船两侧安装桨，用橡皮筋提供动力。

“船”有个共同特点，就是“中空”。把铁块放入水中，就会沉到水下，但是把铁做成中空的船，就可以浮在水面。

木头放在水上，不做成中空的也会漂浮，是因为木头“轻”——密度比水小。

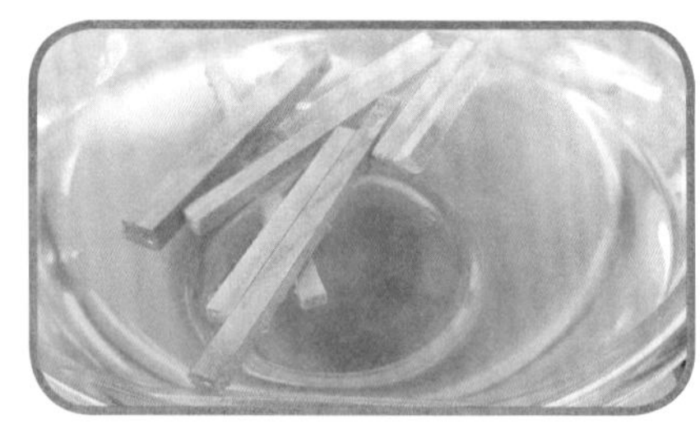

就像油可以浮在水面上，是因为油的密度比水小。

竹筏浮在水上，因为竹子本身就是中空的。

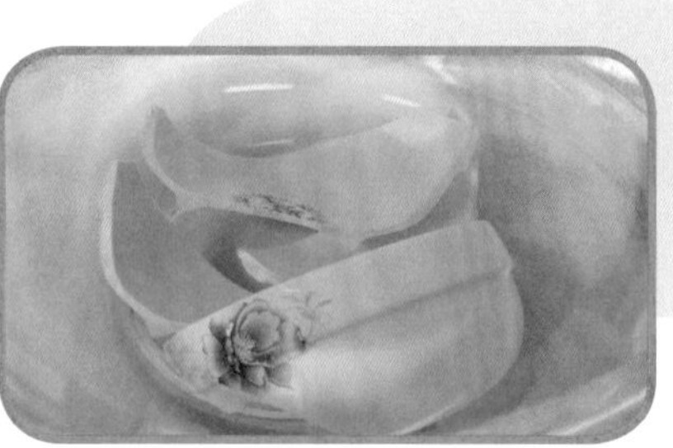

碗可以浮在水面上，但是如果砸成碎片，这些陶瓷碎片就会沉到水下。

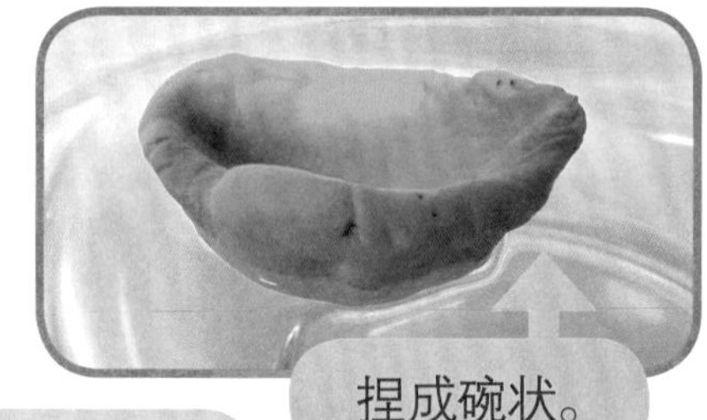

一团橡皮泥，丢入水中会沉底。有什么方法能让橡皮泥浮在水面上？

做成空心球。

用个“纸船”托着。

捏成碗状。

活动二十 纸杯承重

一张A4纸，放在中间悬空的支撑平台上，如何操作，能让它托起更重的物体？

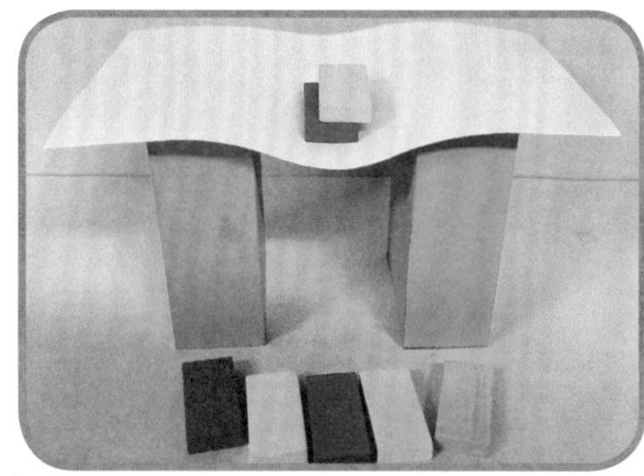

纸张平放肯定不行，稍微放点重物纸就会塌下去。

中间凹下去放置，肯定不行。可以让中间凸起来放置，拱形的承重性能应该好一些。

两个支撑的木块之间距离应该保持不变，纸张也应该完全相同。

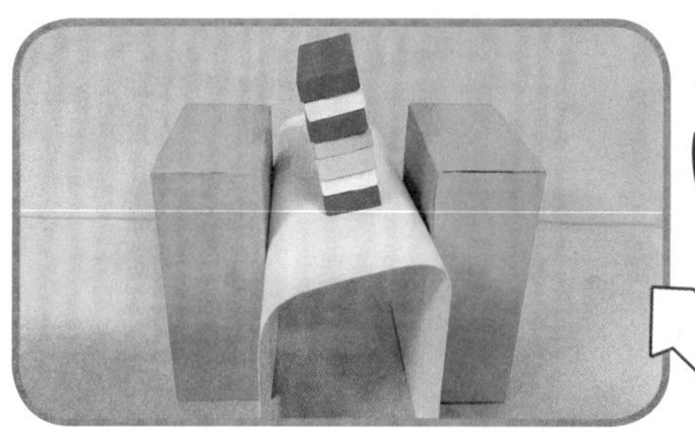

桥和城门中有拱形设计。

将纸折成“瓦楞纸”的形状，应当可以提升承重能力。纸箱就是瓦楞纸做的，很结实。

要是将纸裁开呢？卷成几个小纸筒，将几个并排放在支撑平台上。楼板的孔道就是圆形设计的。

植物的茎、人体骨骼，内部也是管状结构，这样更坚韧。

纸杯结构也是圆形的、拱形的、管道状的，承重能力是不是也很好啊？

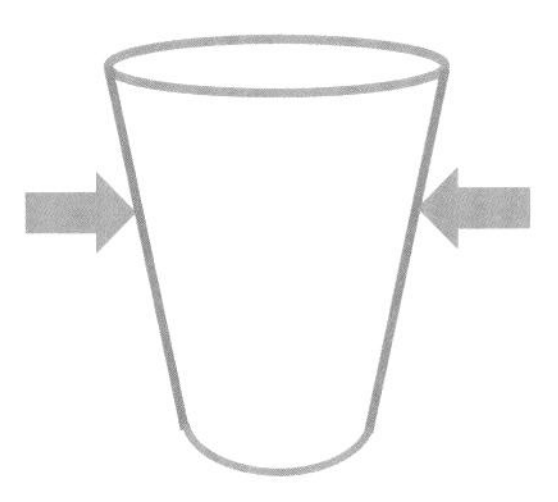

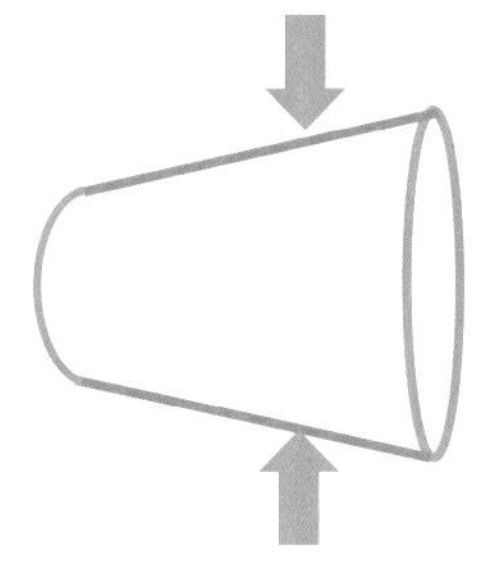

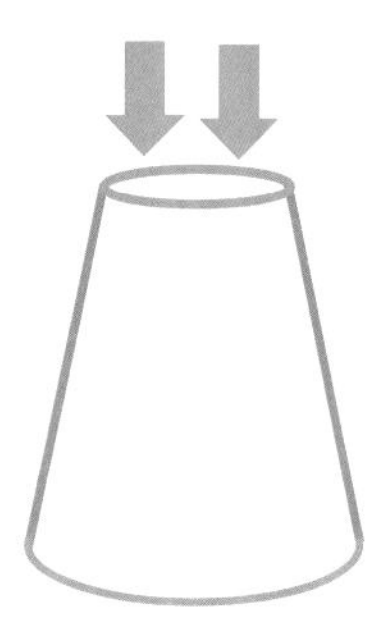

估计和受力方向有关系。

我们何不设计个实验，来测试一下纸杯承受压力的能力。
好啊。
对啊。

你们的猜想都有生活的经验作为支撑，有一定的科学道理。我想问一个问题，测试纸杯的承重能力时，如何实现重物重量的连续变化？

做个小纸盒放在纸杯上，然后往纸盒里加不同数目的橡皮。

用纸盒的方法很好，便于加装重物。但是放橡皮不好，万一放入五块橡皮时纸杯能承受，而放入六块橡皮时纸杯就垮塌了，我们依然不知道纸杯垮塌时所承受的重量。

我觉得可以在纸盒里加A4纸，纸张可以一张一张地加，这样比较准确。

也可以往纸盒里加沙子，甚至可以一粒一粒地加。

佩服啊，真能想得出来！

也可以将烧杯压在纸杯上，用滴管往烧杯里一滴一滴地加水，可以清楚地区分纸杯刚被压垮时的承重。

好，那大家就动手操作试试，实验结束我们交流。

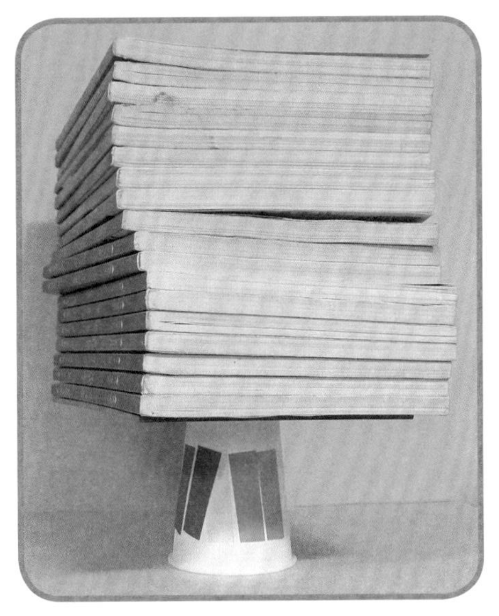

我们交流了一下，还是纸杯倒扣时承受的压力最大。

我们试了一下，只要两个纸杯，就可以托起我们的身体。当然，纸杯在要放在水平地面上，纸杯上放一块轻质木板。

其实我们也尝试过，将三个纸杯倒扣在水平地面上，上面垫一块木板，就可以托起一个成人。

在几个纸杯上垫块木板，就可以当凳子。

木板大一点，还可以当床。

人可以站在纸杯上，
提升自己高度。

拍照片时，可用作相机临时支架；野炊时，可以搭建一个临时餐桌……

我们常见的纸杯，形状基本一致。思考，为什么设计成这种形状？

我觉得这种设计形状规则，受力均匀，倒扣时可以将压力均匀分配到杯口边缘的每个部分，增加坚固性。如果是杯口朝上放置，倒入开水或饮料时，纸杯也不容易破裂。

张老师说

物体承受力的本领与形状有关。其他条件相同的情况下，柱体中圆柱体抗弯抗压的本领最强，原因是圆柱没有角，所有的压力都会均匀分布，避免压力过于集中在某点，因“局部受损”造成“整体坍塌”。如果圆柱是空心的，受到的压力会沿着表面扩散和分布，也可以避免受力集中，“受力本领”会增强。比如，竹子的空心圆柱体结构抗弯能力就很强，细细的麦秆能支撑比它重得多的麦穗，机器制造中承重的架子一般使用空心钢管和空心铁管，楼板中间是一条条的圆柱形孔道，都是这个道理。人体的骨骼也是空心的，这也有助于增加强度。在实际的桥梁、建筑物设计施工中，考虑的因素会复杂得多。

便于纸杯的叠放储存，更节约空间。

握在手里时，不容易变形，也没有棱角对手产生挤压，因此手感比较舒适。

堆放时不怕挤压，自己就同时充当了缓冲材料。

我要查阅纸杯的历史，了解纸杯的发展历程……

思维导图

大家已经能比较熟练地使用“关键词”联想的方法，来让我们的思维发生“链式反应”了。大家再思考一下，对于纸杯，还可以通过什么关键词展开联想？

容器。

通常用来喝水，当然也可以喝其他饮料，甚至可以放米粥、皮蛋粥。

可以用来存储物品。

也可以放其他杂物，作为收纳盒。当然，也可以做笔筒。

即使什么都不放，杯子里还有空气嘛。

也可以做成喊话筒，把杯底去掉，套在嘴边，可以让声音沿某个方向传播，增大音量。

車
馬
炮
将杯子倒扣，杯底写上“车”“马”“炮”等，可以当象棋用。

纸杯壁上离底部不同高度扎几个孔，杯子里的水会流出来，越往下方的小孔水流越急。

可以证明，同种液体内部，深度越深，液体的压强越大。

材质。

易燃、易烂。
空腔。

通道、管道。
形状、旋转体。

还可以平放、侧放、倒着放，还可以滚动……

还可以和其他材料组合……

张老师说

从组合、形状、通道、空腔、容器等关键词进一步展开联想，还可以有更多的关键词出现，引发更多的思考。我们已经能从不同角度看待同一个物体了，学会给事物重新下一个定义了。就请大家画一张思维导图，然后综合归纳。

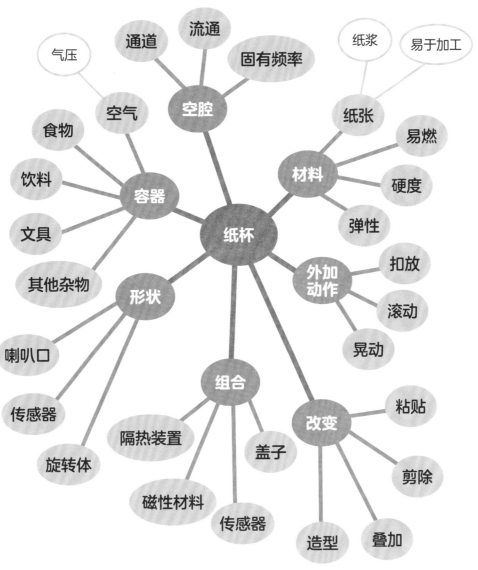

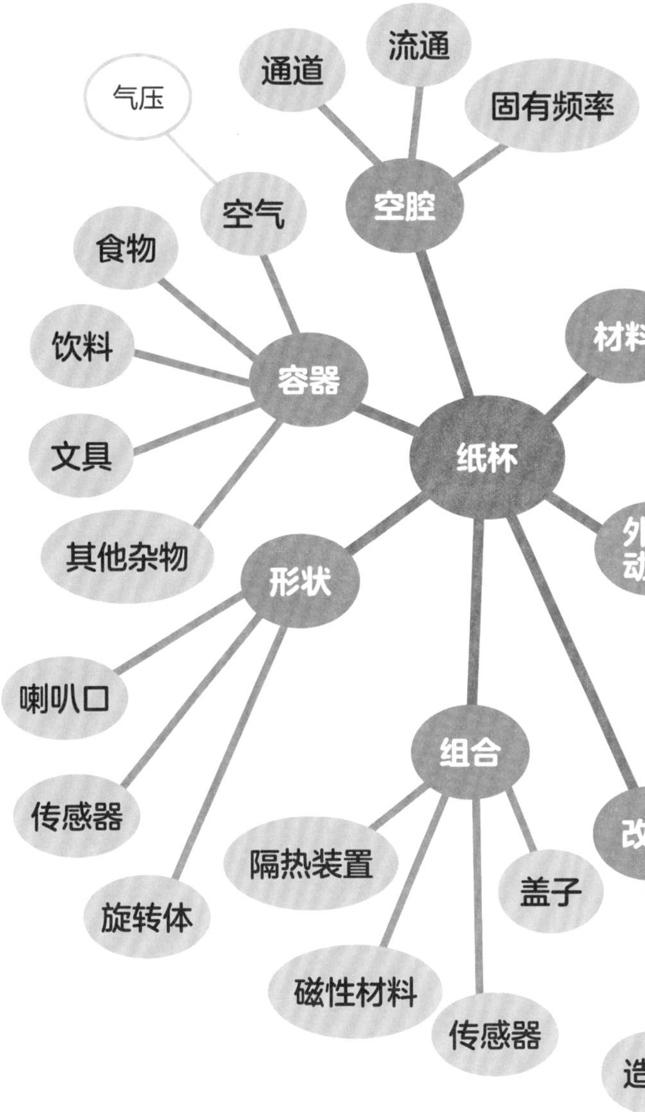

- 纸杯
  - 空腔
    - 通道
    - 流通
    - 固有频率
  - 容器
    - 空气
      - 气压
    - 食物
    - 饮料
    - 文具
    - 其他杂物
  - 材料
    - 纸张
      - 纸浆
      - 易于加工
    - 易燃
    - 硬度
    - 弹性
  - 外加动作
    - 扣放
    - 滚动
    - 晃动
  - 改变
    - 粘贴
    - 剪除
    - 叠加
    - 造型
  - 组合
    - 隔热装置
    - 磁性材料
    - 传感器
    - 盖子
  - 形状
    - 喇叭口
    - 传感器
    - 旋转体

随着掌握的知识越来越多，与生产生活联系得越来越紧密，积累的实践经验越来越丰富，我们会获得更多的视角，萌发更多的灵感，也会越来越深入地理解“处处是创造之地，天天是创造之时，人人是创造之人”。

张老师说

今天老师也来给大家做个实验，请大家带着问题回去思考。乒乓球从高处掉落到坚硬的地面后，会弹起来。

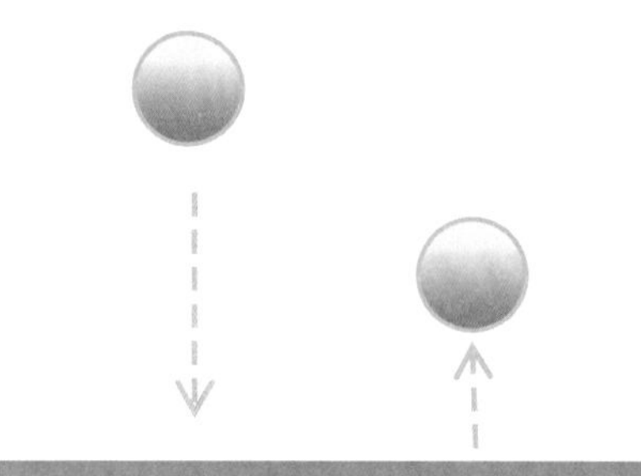

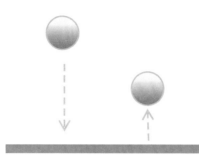

如果把乒乓球放在纸杯里的水面上，再一起掉落到坚硬的地面上，乒乓球能弹起多高呢？眼见为实，走起！

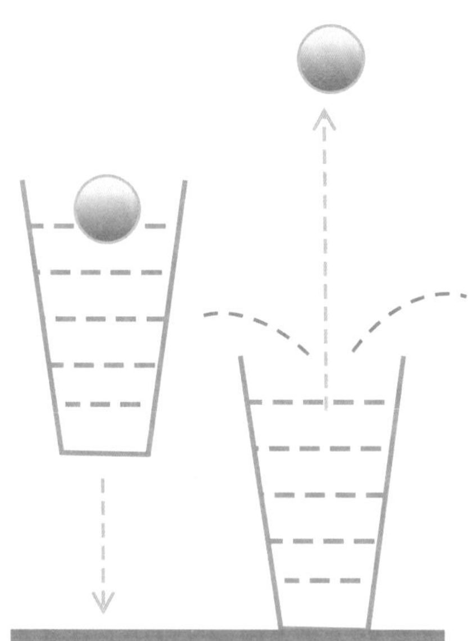